元素の本

日本の理化学研究所が発見した113番元素の名称は「ニホニウム」(元素記号は「Nh」)。新元素の認定・命名はアジアでは初めての快挙です。これを機会に改めて元素とは何かを考えてみましょう。

石原顕光

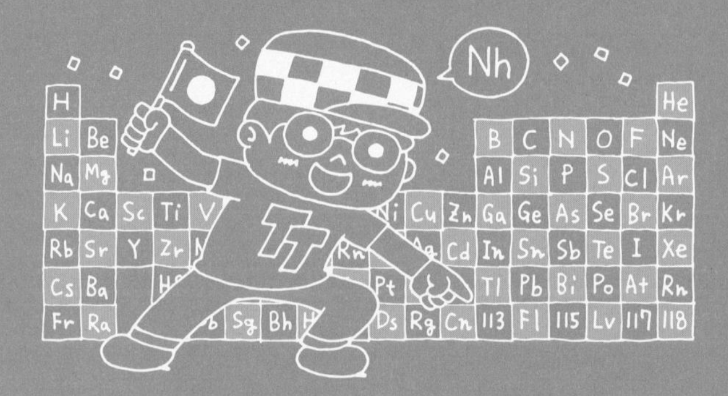

B&Tブックス
日刊工業新聞社

はじめに

2016年11月30日、元素名を決める国際純正・応用化学連合（IUPAC）は、日本の理化学研究所が発見し、命名権を獲得していた113番元素の名称を「ニホニウム」（nihonium、元素記号は「Nh」）に正式に決定しました。新元素の認定・命名はアジアでは初めての快挙でした。これを機会に、改めて元素とは何かを考えることは、大きな意味があるでしょう。この本は、元素を理解するための基礎をトコトンやさしく解説してみました。

われわれも含めて、この世の中のすべてのモノ（万物）は物質からできています。人間は古くから、世の中を構成する万物の最小単位を探してきました。その中で、元素という考え方が生まれ、育まれてきました。元素とは現在では、それ以上分けることのできない化学的性質のことを言います。元素は性質であって、実体ではありません。しかし実体的に万物の構成要素を追求した原子と密接に関わっています。本書では、元素と原子の関係についても丁寧に解説しました。

元素や原子を探る営みは、化学の歴史そのものです。現在では、元素は周期表で整理され、その周期性の理由も明確になっていますが、そこまでの道のりは決して平坦ではありませんでした。多くの有名無名の化学者が実験し・悩み・考え・思いつき・論争し、なんとか新しい元素を取り出したい、あるいは本質を解明したいという熱い想いと強い執着によって少しずつ進んできたのです。本書の前半では、そのような先人たちの足跡をたどっていきたいと思います。

後半では、量子力学によって解明された電子の性質の話をしています。ミクロな世界は、われわれの住んでいるマクロな世界と大きく異なっています。その摩訶不思議な様子も味わっていただきたいと思います。

本書でも述べましたが、科学者には事実型・仮説型・体系型の3つのタイプがあります。筆者はかなり体系型の物理化学屋です。一方、元素は無機化学で取り扱われ、本質的に事実型の学問だと思います。体系型の筆者に、無機化学者の事実型のセンスを感じさせていただいたのは、鳥居泰男元横浜国立大学教授でした。無機化学者ももちろん、普遍的な原理や法則に興味があるのですが、それ以上に、豊饒なモノや生生流転する多様な現象そのものに価値があり、それらが存在すること自体に美しさを感じるセンス、それが無機化学ではないかと思っています。

本書は物理化学屋の書いた元素の本であり、元素を理解するための原理・原則をやさしく解説したつもりです。個別の元素については、少しコラムで取り上げましたが、内容に電子の軌道を使っているので、本文を読んでからコラムを見るとわかりやすいと思います。個々の元素とそれらが組み合わさって織りなす豊饒の世界が、さらにこの先にあります。ぜひ本書で、電子の軌道という基礎的な考え方を理解していただいて、各元素の性質を知り、さらに類書に進んで、豊かなモノの世界を楽しんでいただけたらと思います。

本書の刊行に際して、執筆の機会をいただいた日刊工業新聞社の奥村功出版局長、ほとんどの要点BOXの執筆など原稿をサポートしていただいたエム編集事務所の飯嶋光雄氏、また本文デザインをご担当いただき、今回はいつにも増して筆者が遅筆のために多大なご助力をいただいた志岐デザイン事務所の奥田陽子氏に謝意を表します。

最後に、あれこれ25年以上にわたって物理化学勉強会で一緒に議論していただいている物理化学マニアの方々に深く感謝いたします。

平成29年2月

横浜国立大学　石原顕光

トコトンやさしい元素の本

目次

目次 CONTENTS

第1章 元素ってなんだろう

第2章 元素と原子をめぐる化学の発展

第3章 「元素の謎」に挑戦した科学者たち

第4章
「元素の地図」は周期表

第5章
量子力学によって解明された摩訶不思議なミクロの世界

第6章 電子を軌道に入れていく

第7章 もっと元素を知ろう～典型元素

【コラム】

第1章

元素ってなんだろう

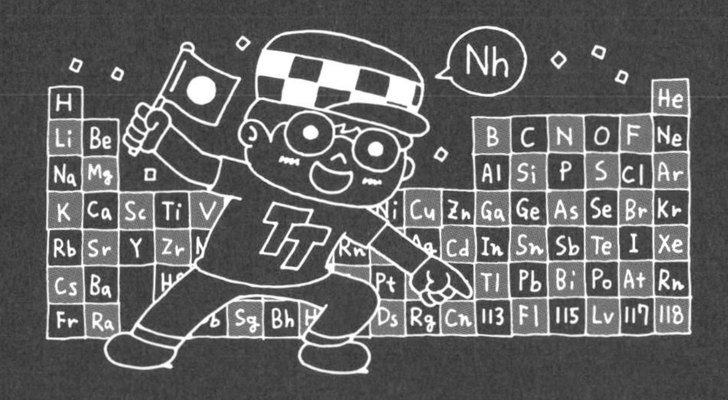

1 祝！ニホニウムNh

日本が見つけた新しい113番目の元素

2016年11月30日、元素の命名権をもつ国際純正・応用化学連合（IUPAC）は、日本の理化学研究所が発見し、命名権を獲得していた113番元素の名称を「ニホニウム」（nihonium、元素記号は「Nh」）に正式に決定しました。新元素の認定・命名はアジアでは初めての快挙です。

原子番号93番以上の元素は人工的に作られます。理化学研究所の森田浩介研究員らの実験環境が整った2001年当時、すでに112番の元素まで作られていました。そこで森田らは、113番元素の合成にターゲットを絞り、2003年9月5日から合成実験を開始しました。そして2004年7月23日に1個目、2005年4月2日に2個目、そして2012年8月12日に3個目の合成に成功しました。9年間、400兆回の衝突実験でわずか3個！まさに忍耐の賜物で、これが認められたのです。

元素を作る考え方はきわめて簡単。原子番号113は、原子核の陽子の数になります。そのため、陽子の数が113になるように、2つの原子核を一緒にしてやればよいのです。そこで選ばれたのが、陽子数30個の亜鉛と陽子数83個のビスマスです。この2つの原子核が一緒になれば、30+83=113で、113番元素の出来あがりです。これだけです。

原子核を一緒にするには原子核同士を衝突させればよいのです。ところが、衝突させたい原子核があまりに小さい。1つの元素の大きさが野球場くらいだとすると、原子核の大きさは真ん中に置かれたパチンコ玉ほど。原子はスカスカです。その野球場の真ん中にあるパチンコ玉に、遠くからもう1つ別のパチンコ玉を投げて衝突させようというのです。

とにかくたくさんパチンコ玉を投げるしかありません。実際には、ビスマスの原子核に、亜鉛の原子核を打ち出して衝突させました。亜鉛の原子核を打ち出す数は、なんと1秒間におよそ3兆個！

要点BOX
- ●アジアで初めての快挙
- ●原理は30+83=113
- ●9年間、400兆回の衝突実験でわずか3個！

113番目の元素として新しくニホニウム「Nh」が認められた

原子をドームとすると原子核の大きさはパチンコ玉

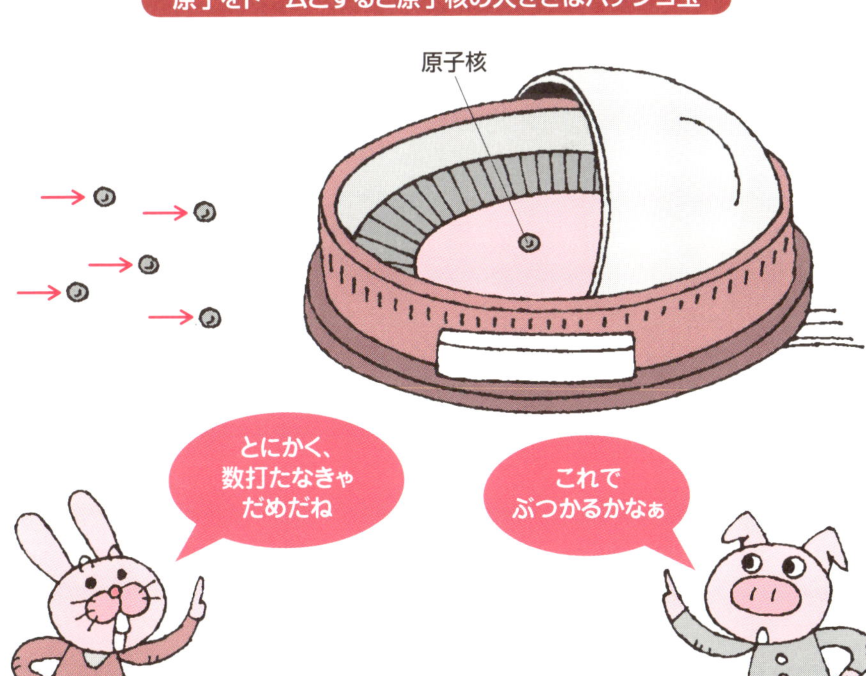

2 400兆回の衝突で3個

原子核同士をそっと接触させる

なんとなく、原子核同士をすごい勢いで無理やり衝突させれば一緒になりそうですが、そうではありません。原子核同士はプラスの電気を帯びているので、亜鉛の原子核を近づけても、その速度が遅いとビスマスの原子核は反発して離れてしまいます。逆にすごい勢いでぶつけると、元の原子核が壊れてバラバラになってしまいます。そのため、うまく調整して、原子核同士の表面がそっと接触するように衝突させるのです。そっと接触すると、原子核同士の引き付け合う力で、たまに一緒になるのです。

亜鉛の原子核をぶつける速度は、線型加速器(RILAC：ライラック)という全長40メートルの加速器で調整します。ちょうどよい速度は光速の10分の1！この速度で亜鉛の原子核をビスマスの原子核に向けて打ち出して、原子核同士をそっと接触させ、113になるのをじっと待ち続けたのです。

結局、毎秒3兆(3×10^{12})個ほどを、9年間(加速器が稼働した日数はのべ575日)で、総数1.5×10^{20}(1.5垓(がい))個の亜鉛の原子核をビスマスにぶつけ続けました。そのうちビスマスの原子核に衝突したのが400兆回(衝突する確率は100万個に1個)。そのうちの3個だけが113番元素になりました。つまり、衝突してから一緒になる確率は100兆分の1。

毎秒3兆個で合計1.5垓個というと、たくさんの原子に思えますが、亜鉛の質量に直すと0.015g、すなわち15mg程度。金属亜鉛であれば、ふっと吹けば飛んでしまう量でしかありません。

また、できた113番目の元素の平均寿命は、わずか0.002秒！そのため、原子核の崩壊の仕方をとらえて、できた証拠にします。その装置がヘリウムガスを巧みに利用した気体充填型反跳分離器(ガリス：GARIS)です。ライラックもガリスも、装置はすべて研究者が自ら設計、国内企業が製造しました。日本の技術と研究者の努力で達成した快挙です。

要点BOX
- ●使った亜鉛はわずか15ミリグラム
- ●設計も製造もすべて国産
- ●衝突してから一緒になる確率は100兆分の1

原子核同士をそっとくっつける

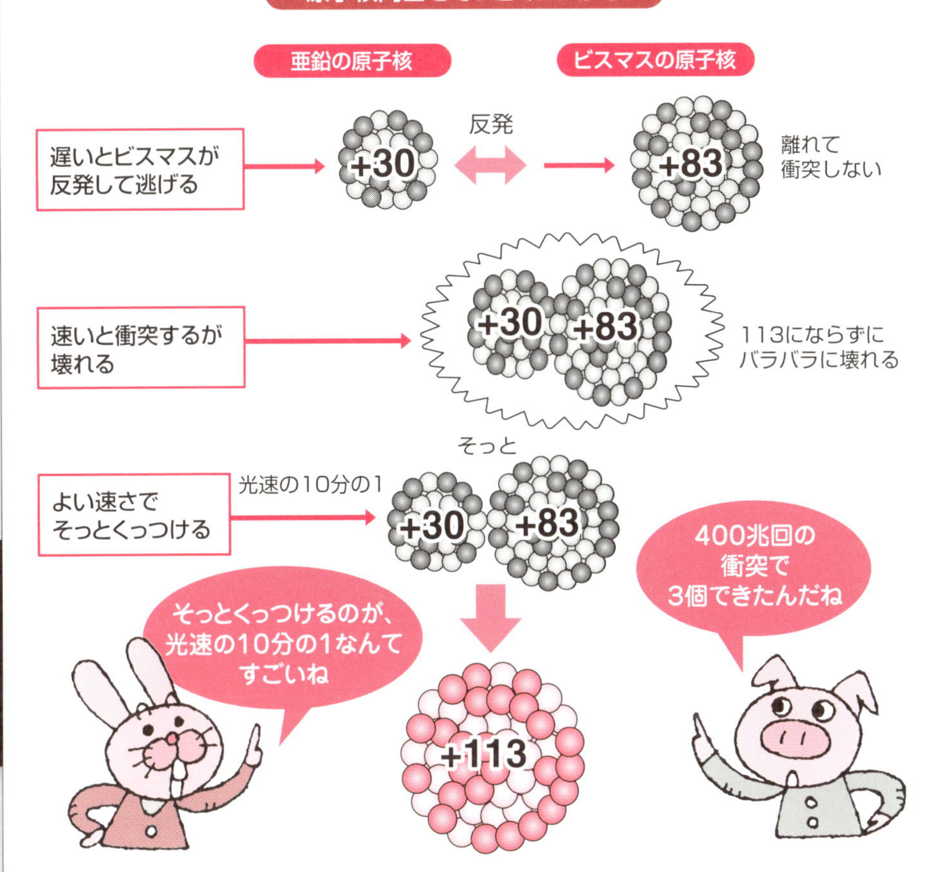

あっという間に壊れていく

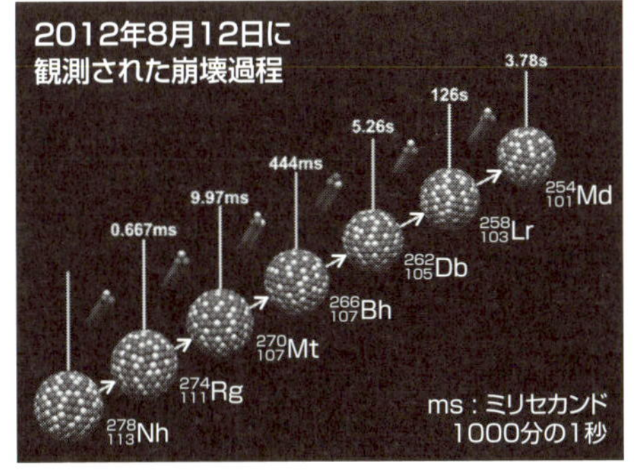

http://www.riken.jp/pr/press/2015/20151231_1/を参考に改変

3 元素は「もと(元)＋もと(素)」

森羅万象の元を知りたい！

私たちの身の回りを見わたせば、森羅万象、さまざまな現象が起こっています。風が吹く、ものが燃える、私たちが生きて活動しているなど、早さも大きさもまちまちです。それらの現象の中で、モノが関わって変化することに注目したとき、それを現象の化学的側面といいます。本書のテーマである「元素」は、この現象の化学的側面を理解するための概念です。

私たちは、さまざまな現象がなぜ起こるのか、その「もと」を知りたいという本能的な知的欲求をもっています。その答え方にもいろいろありますが、化学的な回答の1つが「元素」だといえます。

「元素」という字は「もと(元)」と「もと(素)」という2つの「もと」からなっています。もと(元)は大元の元で根幹や根源・土台を意味します。もう1つのもと(素)は、そのものであって、純粋であることを意味します。したがって、元素とは、化学的現象の根源で、それ以上分けられない純粋な何かということになります。

私たちが、世の中で起こる化学的現象の「もと(元)」を知りたいと考えたときに、2つのアプローチがあります。1つは、働きに注目することです。現象を動きとしてとらえて、その動きを引き起こす「もと」を働きとして、それが何かを考えるのです。この考え方の1つに、古代中国の「陰陽五行説」があります。それによれば、世の中の現象は「木・火・土・金・水（「もっかどごんすい」と呼びます）」の5つの基本的な働きからなっています。その働きが組み合わさって、森羅万象が起こると考えるのです。現代的にいえば、機能的アプローチといえるでしょう。

もう1つは、化学的現象はモノによって起こるので、モノを作っている要素を、実体的にどんどん細かく追及しようという考え方です。みなさんは、すべてのモノは原子からできていることを知っていると思いますが、これは実体的アプローチです。現在では、原子はもっと小さな素粒子からなることがわかっています。

要点BOX

- 人間の本質探求への知的欲求
- 機能的アプローチと実体的アプローチ
- 「元素」という字は2つの「もと」からなる

森羅万象さまざまな現象の「もと」を知りたい

機能的アプローチ

実体的アプローチ

古代中国の陰陽五行説

4 元素～それ以上分けられない化学的性質

元素は機能的アプローチ

化学的現象のもと（元）を探るのに、機能的アプローチと実体的アプローチがあることがわかりました。それでは、元素はどちらなのでしょうか。

元素は機能的アプローチに対して用いられる化学用語です。元素は、現代的には、モノの化学的な性質に注目したとき、それ以上分けられない基本となる化学的性質のことを言います。

この考え方では、世の中のすべての現象を化学的にみると、それを引き起こす大元として純粋な化学的性質があると考えます。そして、それをどんどん探求していったときにあらわれる、それ以上分けられない究極の化学的性質、それを元素というのです。

化学的性質といっても、ピンと来ないかもしれませんね。具体的な例をあげてみましょう。次のような化学的性質はある元素を示しています。

①鉄や亜鉛に硫酸や塩酸をかけるとガスとして発生する

②水を電気分解すると、マイナス極からガスとして発生する

③そのガスは空気よりもはるかに軽くて、体積1リットルの風船を作ると、地上で1.2gのモノを持ち上げる

④そのガスに空気中で火を近づけると、ポンっと一瞬で燃えて水ができる

⑤水溶液の中で、イオンでいるとき、その水溶液は酸性を示す

⑥金属に取り込まれて化合物を作るが、加熱によって容易に取り出せる

このような化学的性質を、元素として「水素」と呼んでいます。元素と原子の関係は、後で改めて詳しく述べます。気をつけるのは、このような性質をもつ物質を、元素として水素と呼ぶわけではありません。元素はあくまでも性質です。「水素」で表される化学的性質は、他の化学的性質とは重複しておらず、基本的であることがわかっています。

要点BOX

- 元素は究極の化学的性質
- 「水素」で表される化学的性質は、他の化学的性質と重複しない

こんな化学的性質を示すのは

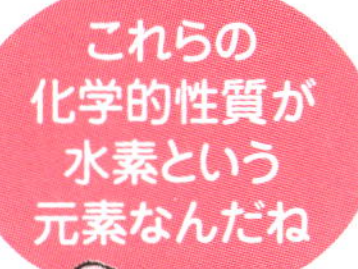

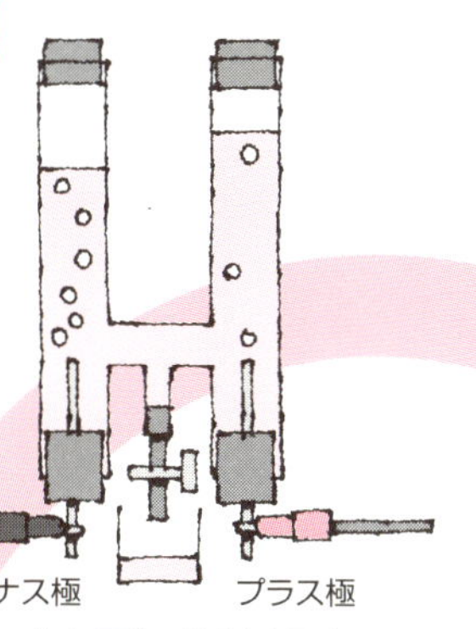

水を電気分解すると、マイナス極からガスとして発生

そのガスは空気よりもはるかに軽い

そのガスに空気中で火を近づけると、燃えて水が生成

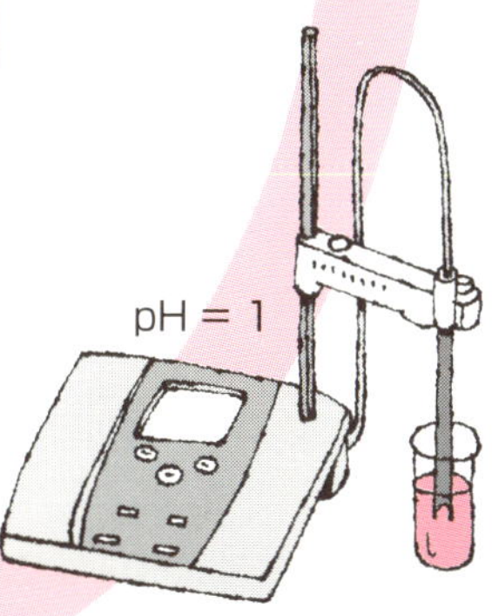

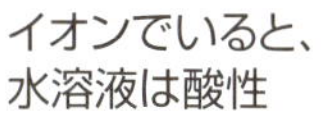

イオンでいると、水溶液は酸性

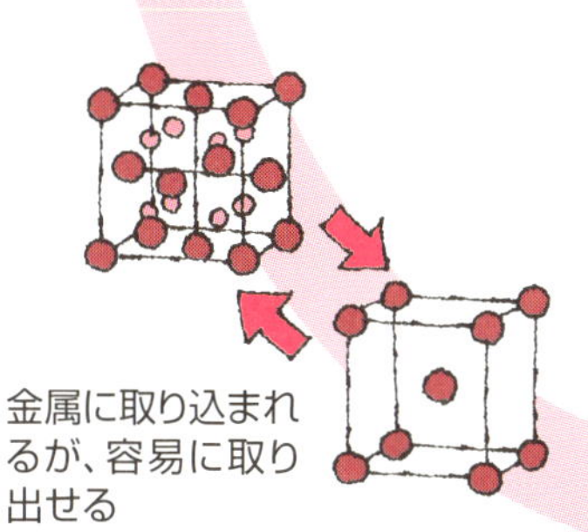

金属に取り込まれるが、容易に取り出せる

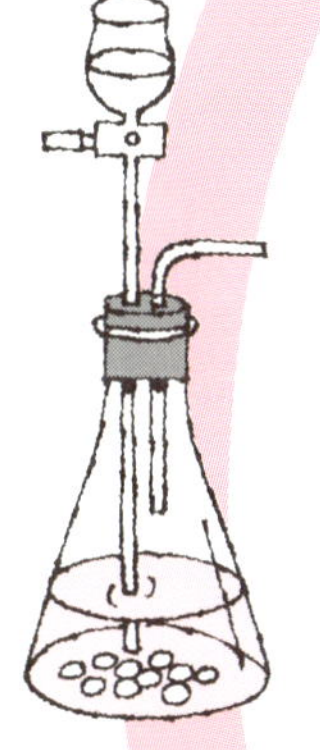

鉄や亜鉛に硫酸や塩酸をかけるとガスとして発生

5 元素の考え方も変わってきた

古代ギリシャではモノは4元素を含んでいた

古代ギリシャでは、世界は土・水・空気・火の4元素からできていると考えられていました(4元素説)。もっとも、土は土壌や岩など固体という状態を、水は液体という状態を、空気は気体という状態を表す抽象的な概念でした。つまり、それぞれ固体・液体・気体というモノの状態を代表していました。そして、それらの状態を変化させる要因として、火を考えていたのです。火は現代的には熱あるいはエネルギーに相当するでしょう。

これからわかるように、そもそも元素とは、実体ではなく、性質を抽象化した概念だったのです。そして、すべてのモノはこの4元素を含み、モノが変化するというのは、その元素のどれかが増減すると考えていました。

たとえば、モノが燃えるときは、土(固体)の性質が減少して、空気(気体)の性質が増加し、それは火(熱・エネルギー)の作用によって起こるというように。この見方は、いまの化学的には正しくありませんが、私たちの感覚と実によく合っています。そのため、17世紀までおよそ2000年もの間、4元素説は人々に信じられてきました。

現在でも、元素は古代ギリシャの考え方を引き継ぎ、モノの化学的性質を表す抽象的な概念とされています。しかし、古代ギリシャと異なり、1つのモノがすべての元素を含んでいるとは認識されていません。ここが大きく異なるところです。あるモノは、1つ以上の元素から構成されており、その含んでいる化学的性質が働きあって、そのモノの化学的性質を発現すると考えられています。

しばしば「世界のすべては元素でできている」といわれることがあります。これを実体として理解しないでください。これは、世界のすべての化学的現象は、いくつかの基本となる化学的性質が集まって起こるものだということを表しているのです。

要点BOX
- 古代ギリシャの4元素説
- 土・水・空気・火から世界はできている
- 17世紀まで信じられてきた

古代ギリシャの4元素説

エネルギー・熱
火

土
固体という状態

空気
気体という状態

水
液体という状態

世界のすべては元素でできている

周期＼族	1	2	3	4	5	6	7	8	9	10	11	12	13	14	15	16	17	18
1	1 H																	2 He
2	3 Li	4 Be											5 B	6 C	7 N	8 O	9 F	10 Ne
3	11 Na	12 Mg											13 Al	14 Si	15 P	16 S	17 Cl	18 Ar
4	19 K	20 Ca	21 Sc	22 Ti	23 V	24 Cr	25 Mn	26 Fe	27 Co	28 Ni	29 Cu	30 Zn	31 Ga	32 Ge	33 As	34 Se	35 Br	36 Kr
5	37 Rb	38 Sr	39 Y	40 Zr	41 Nb	42 Mo	43 Tc	44 Ru	45 Rh	46 Pd	47 Ag	48 Cd	49 In	50 Sn	51 Sb	52 Te	53 I	54 Xe
6	55 Cs	56 Ba	57-71 ランタノイド	72 Hf	73 Ta	74 W	75 Re	76 Os	77 Ir	78 Pt	79 Au	80 Hg	81 Tl	82 Pb	83 Bi	84 Po	85 At	86 Rn
7	87 Fr	88 Ra	89-103 アクチノイド	104 Rf	105 Db	106 Sg	107 Bh	108 Hs	109 Mt	110 Ds	111 Rg	112 Cn	113 Nh	114 Fl	115 Mc	116 Lv	117 Ts	118 Og

ランタノイド (57～71)	57 La	58 Ce	59 Pr	60 Nd	61 Pm	62 Sm	63 Eu	64 Gd	65 Tb	66 Dy	67 Ho	68 Er	69 Tm	70 Yb	71 Lu
アクチノイド (89～103)	89 Ac	90 Th	91 Pa	92 U	93 Np	94 Pu	95 Am	96 Cm	97 Bk	98 Cf	99 Es	100 Fm	101 Md	102 No	103 Lr

6 元素と原子の違いはこれだ！

元素は概念、原子は実在

元素との違いがわかりにくい「原子」も、古代ギリシャの時代から考えられてきました。デモクリトスは、それ以上分割できないものという意味でアトモス（atomos）という言葉を使いました。現在では原子はアトム（atom）と呼ばれていますが、アトモスを語源としています。

原子は実体的に、世の中のモノを構成する基本要素を追求したものです。化学的性質を抽象的に表した元素と違って、あくまでも実体として存在します。現在の私たちにとって原子が実在することは当たり前ですが、それが一般的に認められたのは、なんと20世紀に入ってからのことです。

1803年にジョン・ドルトン（1766〜1844）は原子説を唱えましたが、実に100年以上も認められませんでした。科学者の中にも、原子の存在を信じなかった人が大勢いたのです。相対性理論で有名なアインシュタインが、1905年に、花粉の中の微粒子が水分子にぶつかって行う不規則な運動（ブラウン運動）を、原子や分子の存在を前提に、数学的に解析しました。そして、1908年にペランがそれを実験的に実証して、ようやく原子の存在が、認められるようになりました。

今では、走査型トンネル顕微鏡という装置を使って、原子1つひとつを観察できるようになっています。顕微鏡というと、レンズを使って光をあててモノを観察するというイメージがあると思いますが、この顕微鏡には、レンズはありません。レンズの代わりに、先端を鋭くとがらせた金属を探針として用いて、測定したいモノの表面に、文字通り、原子レベルで近づけます。その状態で少しだけ電圧をかけてやると、直接接触していないのに、ごくわずかな電流が流れます（トンネル電流）。そのトンネル電流を利用して、表面の原子レベルの凸凹を観察します。この技術を使えば、原子を上手に動かして、1個ずつ積むこともできます！

要点BOX
- ●原子はアトムと呼ばれているがアトモスが源
- ●原子は実体として存在する
- ●原子の存在を信じない科学者が大勢いた

原子は実体的アプローチ

1803年

ジョン・ドルトン
（1766年〜1844年）

原子説

原子の実在は認められなかった

1905年

アルベルト・
アインシュタイン
（1879年〜1955年）

理論

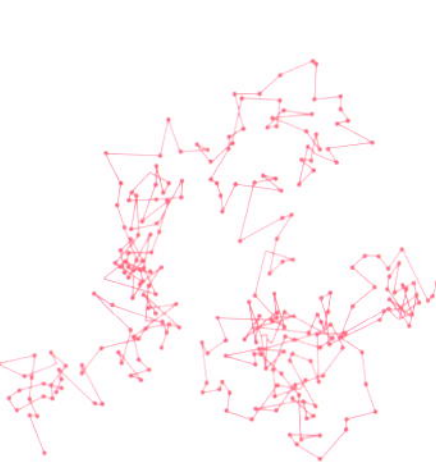

ブラウン運動

1908年

ジャン・バティスト・
ペラン
（1870年〜1942年）

実験

走査型トンネル顕微鏡は原子が観察できる

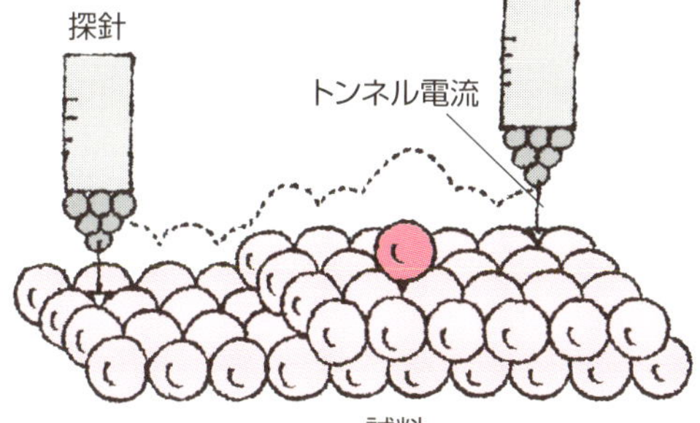

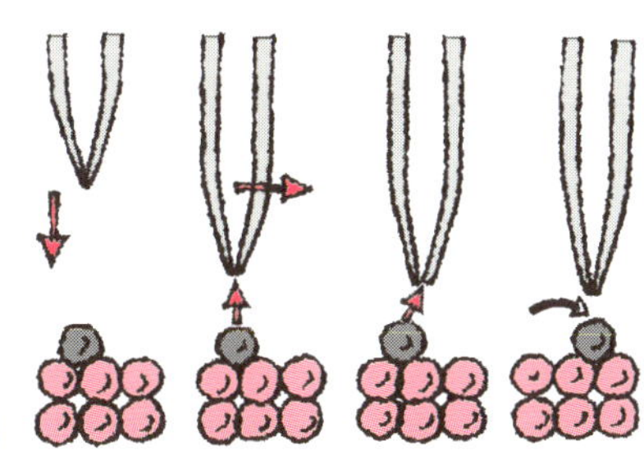

原子を動かして
絵が描ける

白金上に一酸化
炭素分子で描い
た人形

7 原子の中身を探ってみよう

原子は原子核と電子でできている

　少し原子について調べてみましょう。実は、1908年にペランが原子の存在を実証する前の1897年に、イギリスのジョセフ・ジョン・トムソン（1856～1940）が、マイナスの電気をもつ電子を発見していました。原子は電気的に中性なので、プラスの電荷を帯びた部分もあって、プラスとマイナスの電気が等しく打ち消しあっていると考えられました。

　このように、原子がマイナスの電子やプラスの何かをもっていることはわかっていたのですが、実際にどのような構造をしているのかはわかりませんでした。

　みなさんは、すでに原子や分子を知っていると思います。原子はカチカチの丸い球というようなイメージがありませんか？

　アーネスト・ラザフォード（1871～1937）は、α（アルファ）線を薄い金箔にぶつけて何が起こるかを観察してみました。α線はプラスの電気を帯びた小さな軽い粒子です。原子が硬ければよく跳ね返ってくるでしょう。ところが、ほとんどのα線は薄い金箔をまっすぐ通り抜けたのです。まっすぐ通り抜けるということは、α線が何にも衝突していないことを示しています。つまり、原子はスカスカなのです！

　さらに奇妙なことに、8000個に1つくらい、まるで何かに衝突してはじき飛ばされたかのように、大きく進路を変えるα線があることがわかりました。このことは、スカスカな中に、プラスの電気を帯びた、小さいけれども重たい粒子があることを示しています。プラス同士なので、ぶつかると反発し、さらにその粒子が重いので、α線がはじかれたのです。

　その後の研究で、このラザフォードが見つけたプラスの、小さいが重い粒子は、プラスの電気をもつ陽子と電気的に中性な中性子がいくつか集まってできた原子核であることがわかりました。ラザフォードは、原子核があって、その周りを電子がまわっているような原子のモデルを唱えました。

要点BOX
- ●α線は金箔をほとんど通り抜ける
- ●8000個に1つ大きくはじかれる
- ●スカスカな中に小さく重たい粒子がある

ラザフォードは金箔にα線をあてた

ラザフォードの散乱実験

アーネスト・
ラザフォード
（1871年〜1937年）

8000個に1個
大きく進路を変える
アルファ粒子を観測

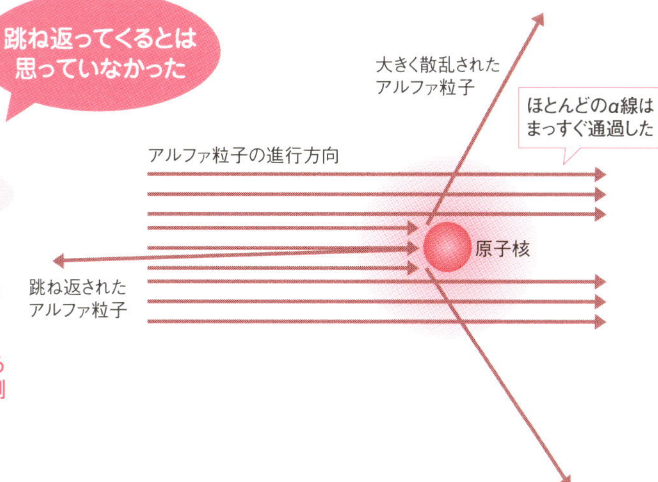

ラザフォードの提唱した原子モデル

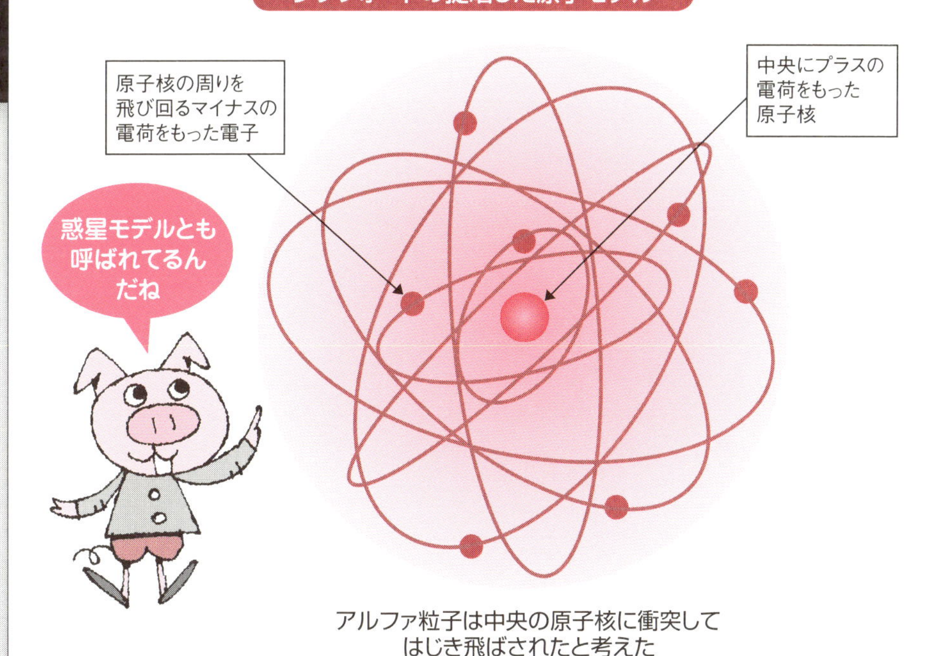

アルファ粒子は中央の原子核に衝突して
はじき飛ばされたと考えた

8 びっくり！原子はスカスカ？

東京ドームの中のパチンコ玉

原子はとても小さいということはわかりますが、実際にどのくらい小さいのでしょうか。原子の大きさは直径10^{-10}m（0.0000001㎜、つまり1千万分の1㎜）です。まったくイメージできないと思いますので、ゴルフボールを考えてみましょう。

ゴルフボールは原子からできています。そこで、いまゴルフボールを原子ごと拡大して（およそ1億倍）、原子をゴルフボールの大きさにしてみましょう。そのとき、ゴルフボールは地球くらいの大きさになります。つまり、ゴルフボールが集まってできている地球のイメージが、原子が集まってできているゴルフボールと同じなのです。原子がいかに小さいか感じていただけるでしょうか。

ところが、原子核はさらに小さく直径10^{-15}m程度です。原子と原子核の大きさは10万倍も違います。たとえば、原子の大きさを東京ドームくらいの直径200mほどの開閉式ドームだとすると、原子核はその中央においたパチンコ玉くらいの大きさになります。

一方、電子の大きさは今でもわかっていません。10^{-18}㎜以下ともいわれています。10^{-18}㎜だとすると、原子核とみたてたパチンコ玉のさらに1000分の1で0・01㎜、もう見えません。東京ドーム全体を原子として、中心にパチンコ玉ほどの原子核があり、ドームの外側の壁あたりをほとんど見えない電子が運動している、これが原子のイメージです。その間には何もないのです。本当にスカスカという意味がわかっていただけるでしょう。

すでに述べたラザフォードの実験では、パチンコ玉ほどのα線が外から飛んでくるのですが、確かにほとんど当たらずに通り抜けていきそうですね。

そして、いろんなモノの原子核を詳細に調べていくうちに、原子核にも、重い原子核や軽い原子核など、いろいろあることがわかってきました。それでは、原子核の重さは、何で決まるのでしょうか。

要点BOX

- ●原子の大きさは直径10^{-10}m（0.0000001）mm
- ●電子の大きさは原子核の1000分の1
- ●重い原子核や軽い原子核がある

原子は小さい

原子
直径10^{-10}メートル

ゴルフボール
直径4×10^{-2}メートル

およそ1億倍

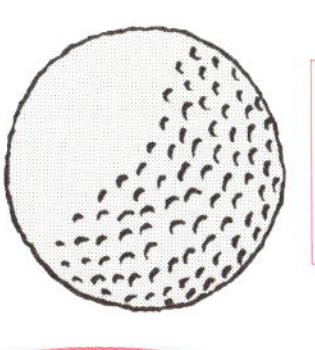

もし原子をゴルフボールの大きさに拡大すると

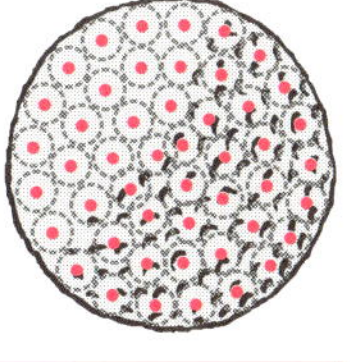

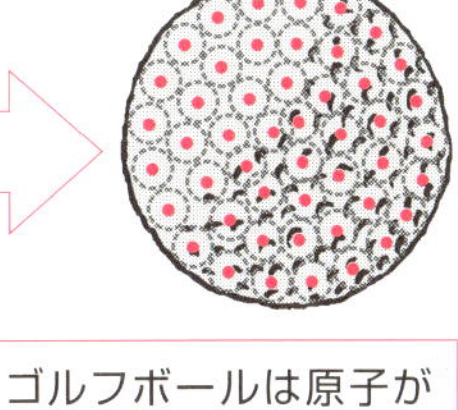

地球がゴルフボールからできているイメージだね

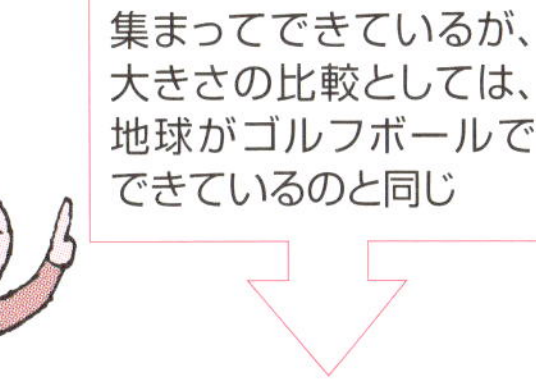

ゴルフボールは原子が集まってできているが、大きさの比較としては、地球がゴルフボールでできているのと同じ

ゴルフボール
直径4×10^{-2}メートル

地球
直径1.2×10^{7}メートル

およそ1億倍

もとのゴルフボールは地球と同じくらいの大きさになる

原子核はもっと小さい

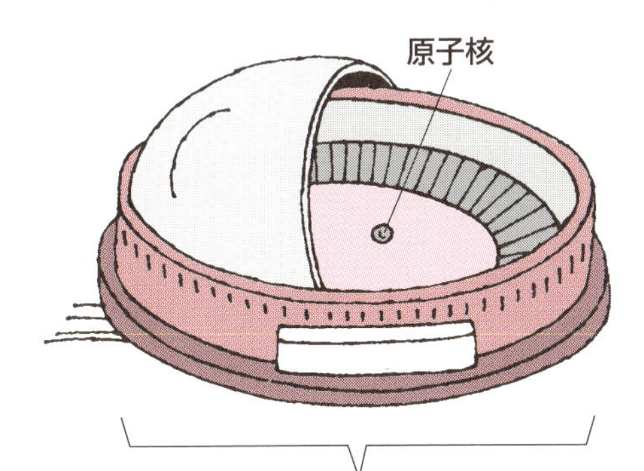

原子のイメージ

原子をドームだとすると、原子核はパチンコ玉だね。電子はもはや見えないね。

9 変わらない原子核ところころ変わる電子

原子核の中身〜中性子が見つかった

1932年にジェームス・チャドウイック（1891〜1974）が、原子核の中に中性子を見つけました。原子核は、プラスの電気をもつ陽子と電気を帯びていない中性子が集まってできていたのです。今では陽子の質量は1.673×10^{-27}kg、中性子の質量は1.675×10^{-27}kgとほぼ等しいことがわかっています。それに比べて電子の質量は9.109×10^{-31}kgで、陽子や中性子のおよそ1840分の1です。重さで比べると砲丸投げの砲丸の重量を陽子1個とすると、電子1個は50円玉1個分でしかありません。

そのため、原子核の質量は、原子の質量の99・9%以上になります。つまり、原子の質量はほぼ原子核で決まります。原子核は決まった陽子と中性子が集まっているので、結局、原子の質量は陽子の数と中性子の数で決まることがわかります。

電気的に中性な原子は、プラスの陽子と同じ数のマイナスの電子を持ちます。不思議なことですが、陽子1個のもつプラスの電気の量と、電子1個のもつマイナスの電気の量はぴったり等しいのです。そして、化学的性質は、陽子の数と電子の数で決まるのです。電気的に中性な原子では、陽子数と電子数は等しいので、どちらに注目しても同じです。しかし原子核にがっちり閉じ込められていて、日常的な変化ではびくともしない陽子とは対照的に、周りを飛び回っている電子は他の原子に奪われたり、あるいは他の原子から奪ってきたりして、くっつく相手によってその数をころころ変えます。その変わり方こそ、まさに化学的性質なのです。つまりより正しくいうと、化学的性質は変わらない原子核（陽子数）と、ころころ変わる周りの電子の挙動によって決められるのです。したがって、どちらも大切なのですが、化学的性質を区別するために陽子数に注目するのです。

原子核の中の陽子の数を原子番号と呼び、1から順番につけていきます。

要点BOX

- ●原子核は陽子と中性子
- ●原子番号は陽子の数
- ●電子の数は相手によって変わる

中性子を見つけた

1932年

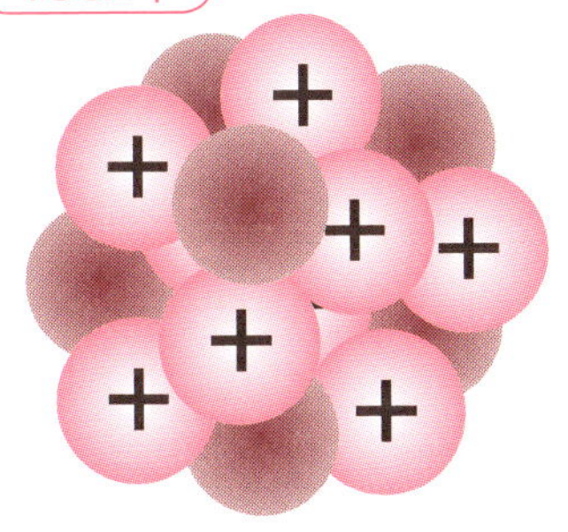

原子核はプラスの電荷をもつ陽子と
電気的に中性の中性子からできている

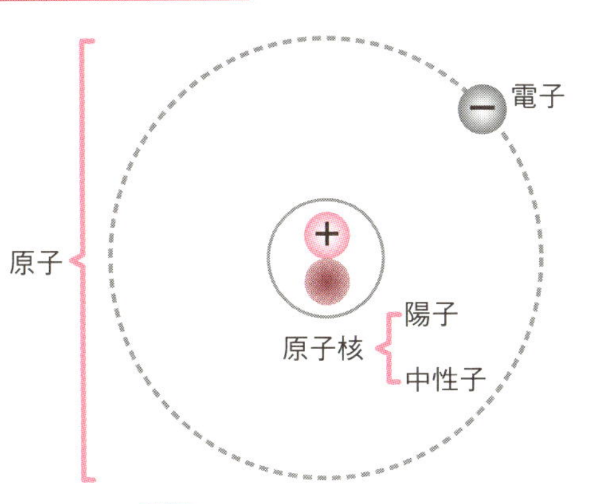

ジェームズ・チャドウィック
(1891年－1974年)

電子の質量は陽子や中性子の1840分の1

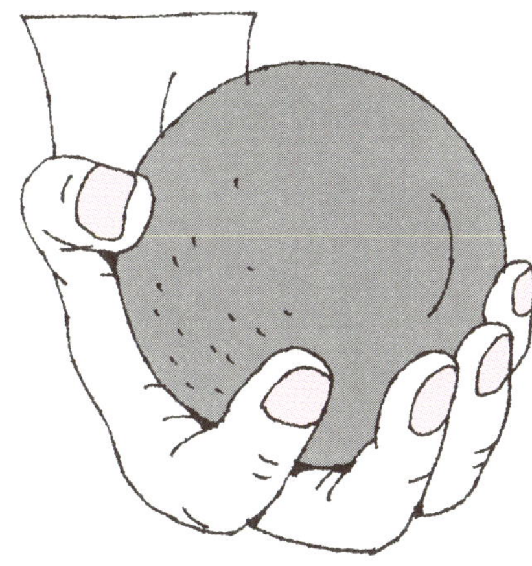

陽子、あるいは中性子1個を
砲丸投げの砲丸とすると

1840分の1

電子の重さは
50円玉1枚

原子の質量の99.9%以上は
原子核の質量

10 元素は陽子の数で区別される

中性子は化学的性質にかかわらない

元素と原子の関係を考えてみましょう。どちらも、世の中の化学的現象の根源を探るために考えられ、調べられてきました。ただし、アプローチの仕方が異なっていました。元素は、機能的アプローチで、それ以上分けられない究極の化学的性質を示す概念でした。

一方、原子は、実体的アプローチで、モノを細かく見ていった時の実在物です。ただ、原子はもっとも小さな粒子ではなく、原子核を構成する陽子と中性子、その周りを飛び回っている電子からできています。そして、原子の化学的性質は、実在としての陽子と電子の数で決まることがわかっています。そのため元素と原子は密接に関係しているはずです。

世の中には、陽子の数は同じですが、原子核の質量の異なる原子が存在します。中性子の数が異なるのです。たとえば、ほとんどの水素原子は、原子核に陽子1個だけで、中性子はもっていません。もちろん、電子は1個もっています。

しかし、よく探すと、0・01％くらいの割合で、原子核に陽子1個とともに中性子を1個もつ原子も見つかります。電子の数は、中性子は関係ないので、電子は1個です。これは、実体としては、陽子を1個しか含まない水素原子と異なります。何より、中性子を1個もつために原子核の質量が倍くらいあります。別の原子です。

しかし、化学的性質は、原子のもつ陽子と電子の数でほぼ決まります。そのため、中性子があってもなくても、化学的性質はほとんど同じです。

元素は化学的性質に基づいて区別されています。したがって、化学的性質がほぼ同じであれば、たとえ別の原子であっても、それらは同じ元素とみなしても構わないでしょう。そこで、陽子の数は等しいが、中性子の数が異なる原子を、同位体と呼び、同じ元素とみなしています。元素とは、陽子の数が等しい原子の集合といってもよいでしょう。

要点BOX
- ●中性子の数が異なる同位体
- ●同位体は同じ元素
- ●元素は陽子の数が等しい原子の集合

中性子の数の異なる原子～同位体

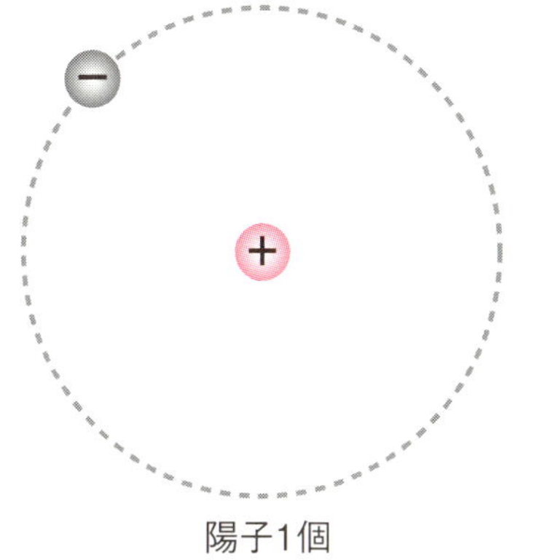

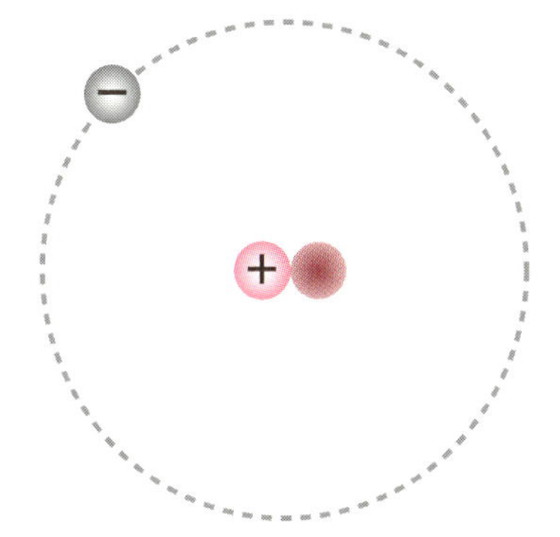

陽子と電子の数が同じなので、化学的性質は類似

どちらも元素として「水素」

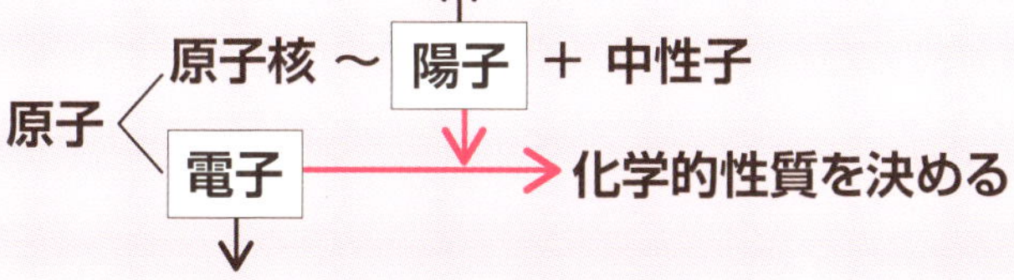

11 元素記号に歴史の重みを感じよう

元素記号に歴史あり

元素は原子番号によって分類されます。原子番号は原子核の中の陽子の数なので、1、2、3…と、とびとびの整数をとります。そのため、元素も、陽子の数に合わせて、元素1、元素2、元素3と呼んで、そのまま表せば合理的ではあります。しかし、国際的な約束にしたがって、原子番号1の元素は水素（Hydrogen）、2の元素はヘリウム（Helium）、3の元素はリチウム（Lithium）…というように、固有の名前が付けられています。さらに、水素はH、ヘリウムはHe、リチウムはLi…というように、1つの元素に1つの元素記号が与えられています。

なぜ原子番号1の元素を、わざわざ水素と呼んで、Hで表すのでしょうか。それは、文化の問題です。原子の構造が明らかとなって、陽子の数で原子番号が付けられるよりもはるか昔から、モノの化学的性質は調べられてきました。そして、3項で述べたような化学的な性質を「水素」と呼んでいましたが、その実体はわかっていませんでした。

その後、元素としての水素の実体が、水素原子や水素分子であることが明らかとなりました。そして、水素原子の原子核には陽子が1つしかないことが分かったのです。そのとき、すでに水素という呼び方は慣れ親しまれていたので、元素1という呼び方ではなくて、そのまま水素と呼んでいるのです。

元素記号も水素は英語でHydrogenなので、頭文字をとってHはわかります。中には、英語表記にしても、まったく想像できない元素記号もあります。たとえば、カリウム（Potassium）のK〈アラビア語で「植物の灰」のkaljanから〉、鉄（Iron）のFe〈ラテン語の「鉄」ferrumから〉、銀（Silver）のAg〈ギリシャ語の「輝いた」argyrosから〉、タングステン（Tungsten）のW〈ドイツ語の「狼」Wolframから〉、金（Gold）のAu〈ラテン語の「金」aurumから〉など、それぞれ発見や性質にまつわる歴史的経緯を示しています。

要点BOX
- ●元素は原子番号によって分類される
- ●原子番号は原子核の中の陽子の数
- ●1つの元素に1つの記号が与えられている

合理的？な同期表

1																	2
3	4											5	6	7	8	9	10
11	12											13	14	15	16	17	18
19	20	21	22	23	24	25	26	27	28	29	30	31	32	33	34	35	36
37	38	39	40	41	42	43	44	45	46	47	48	49	50	51	52	53	54
55	56	57-71	72	73	74	75	76	77	78	79	80	81	82	83	84	85	86
87	88	89-103	104	105	106	107	108	109	110	111	112	113	114	115	116	117	118
			57	58	59	60	61	62	63	64	65	66	67	68	69	70	71
			89	90	91	92	93	94	95	96	97	98	99	100	101	102	103

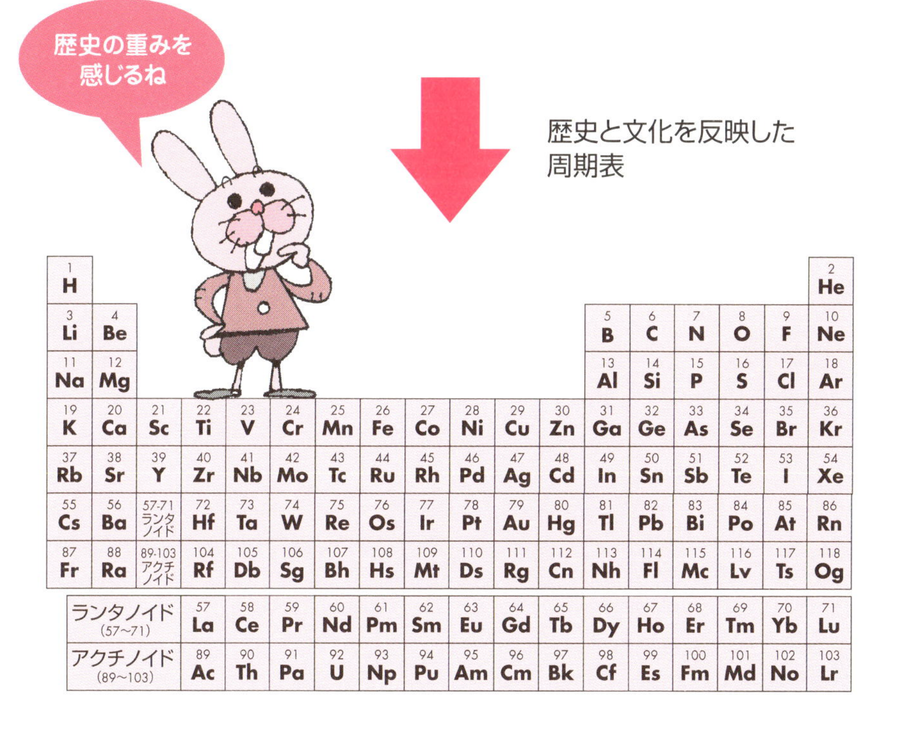

1 H																	2 He
3 Li	4 Be											5 B	6 C	7 N	8 O	9 F	10 Ne
11 Na	12 Mg											13 Al	14 Si	15 P	16 S	17 Cl	18 Ar
19 K	20 Ca	21 Sc	22 Ti	23 V	24 Cr	25 Mn	26 Fe	27 Co	28 Ni	29 Cu	30 Zn	31 Ga	32 Ge	33 As	34 Se	35 Br	36 Kr
37 Rb	38 Sr	39 Y	40 Zr	41 Nb	42 Mo	43 Tc	44 Ru	45 Rh	46 Pd	47 Ag	48 Cd	49 In	50 Sn	51 Sb	52 Te	53 I	54 Xe
55 Cs	56 Ba	57-71 ランタノイド	72 Hf	73 Ta	74 W	75 Re	76 Os	77 Ir	78 Pt	79 Au	80 Hg	81 Tl	82 Pb	83 Bi	84 Po	85 At	86 Rn
87 Fr	88 Ra	89-103 アクチノイド	104 Rf	105 Db	106 Sg	107 Bh	108 Hs	109 Mt	110 Ds	111 Rg	112 Cn	113 Nh	114 Fl	115 Mc	116 Lv	117 Ts	118 Og
ランタノイド (57~71)			57 La	58 Ce	59 Pr	60 Nd	61 Pm	62 Sm	63 Eu	64 Gd	65 Tb	66 Dy	67 Ho	68 Er	69 Tm	70 Yb	71 Lu
アクチノイド (89~103)			89 Ac	90 Th	91 Pa	92 U	93 Np	94 Pu	95 Am	96 Cm	97 Bk	98 Cf	99 Es	100 Fm	101 Md	102 No	103 Lr

12 原子の種類は何個ある？

金の同位体はなんと41個も！

元素は元素記号であらわされることがわかりました。それでは、原子（あるいは原子核）を記号として表したいときはどのようにすればよいでしょうか。原子は、元素記号を使って表します（これがまたややこしい原因なのですが）。元素は陽子の数で分類されるので、元素記号をみれば、陽子の数と電子の数はわかります。しかし、中性子の数の異なる同位体は区別できません。原子の陽子と中性子の数の和を質量数といいます。同位体の違いは中性子の数の違いなので、それは質量数の違いになってきます。そこで、同位体の違いも含めた原子を表したいときは、元素記号の左上に質量数を、左下に原子番号を書くことになっています（左下の原子番号は省略することもあります）。

原子番号が陽子の数を、質量数が陽子＋中性子の数を表しますので、そこから引き算で中性子の数がわかります。現在、原子核に陽子が118個ある元素まで知られています。それでは現在、異なる原子核は、どれくらい発見されているのでしょうか。

元素の118種類に対して、原子核はなんとおよそ3000個も知られています。さらに、6000～8000個の原子核の存在が予言されています。原子核が異なれば、異なる原子です。ときどき、原子と元素を混同して、原子が118個と書いてありますが、それは間違いで、元素が118種類です。

原子核の陽子と中性子の数を表すために、核図表が用いられます。核図表は、中性子の数と陽子の数を軸にとって、原子核を表します。同じ陽子の数は同じ元素を表しますから、これは同位体の数も表していることになります。ちなみに、金の同位体は41個もあります。核図表に原子核の安定・不安定も示すと、安定な原子核は意外と少ないことがわかるでしょう。原子番号の小さな原子は、陽子の数と中性子の数が等しい原子核が安定で、原子番号が大きいと中性子が多い方が安定な傾向にあります。

要点BOX
- ●原子核は3000個も知られている
- ●核図表は中性子の数と陽子の数を軸にとって原子核を表す

原子の表し方

質量数
(＝陽子の数＋中性子の数)

原子番号
(＝陽子の数＝電子の数)

中性子の数＝質量数－原子番号

元素は118種類、原子核はおよそ3000個

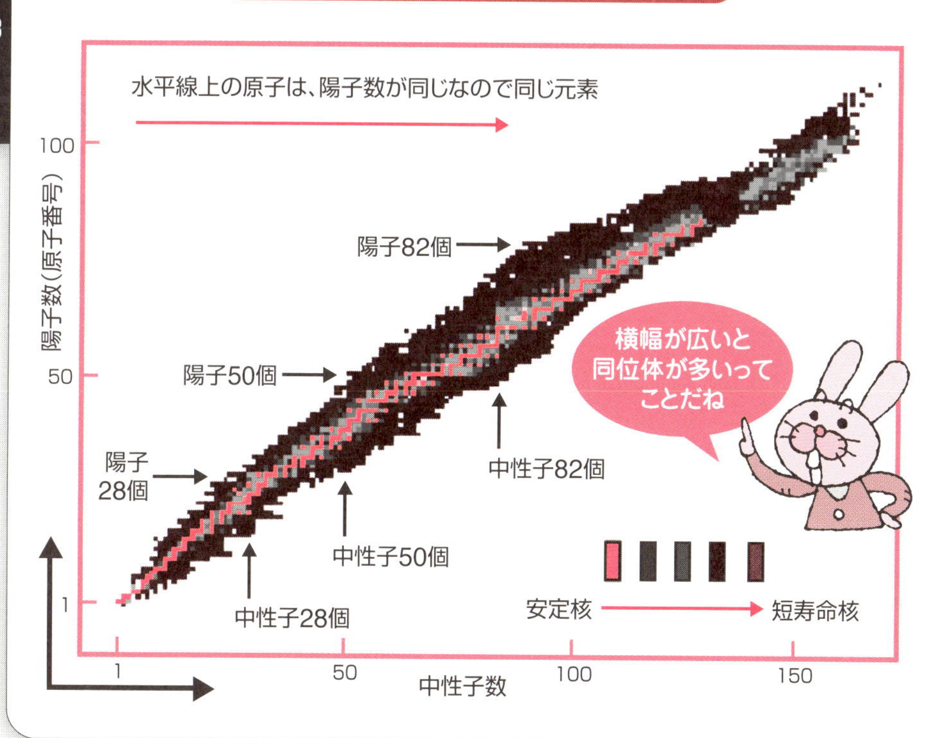

13 私たちが扱う元素は同位体が混ざっている

$^{12}_{6}C$炭素原子が基準

何事も単位が重要です。化学では質量の単位として、陽子6個、中性子6個、電子6個からなる炭素原子$^{12}_{6}C$の質量を12としています。つまり、この12分の1が質量の単位なのです。これを原子質量単位といいます。

そして、化学特有のモルという単位を導入します。$^{12}_{6}C$原子12グラムの中に含まれる$^{12}_{6}C$原子の数は、6.022×10^{23}個とわかっていて、これを「アボガドロ定数」と呼びます。どのような原子でも、アボガドロ定数個の原子が集まったときに示す物質量を1モルと決めます。原子量は、ある原子が1モルあるときの質量をグラム単位で示したときの数値になります。分子やイオンに対しても、モルの考えが適用されます。炭素原子$^{12}_{6}C$を基準にとると、他の原子の質量が、整数である質量数に近い値となります。もとをたどれば、19世紀にドルトンが、水素の質量を基準の1として、原子の原子量を決めたことに由来します。

こうして、同位体を含めたすべての原子の質量が決められました。ところで、同位体は質量が異なります。私たちは、普段、いろいろなモノを扱っていますが、そこに含まれている原子の同位体はどのようになっているのでしょうか。

たとえば、原子番号35、つまり陽子35個の臭素では、中性子44個の$^{79}_{35}Br$と、中性子46個の$^{81}_{35}Br$が存在します。そして、私たちが扱う臭素は、50.69%と49.31%の割合で$^{79}_{35}Br$と$^{81}_{35}Br$が含まれているのです。天然のほとんどの元素は、いくつかの同位体の混合物です。そして、地表近くでは、同位体が存在する比率はほぼ一定です。

そこで、ある元素の原子量は、それを構成する同位体の質量に存在比を掛けたものの和として求めます。たとえば、臭素の例を左に示します。私たちは普段同位体を区別していないので、原子量をこのように決めないと、実際に測る質量と対応しなくなってしまいます。

要点BOX
- ●地表近くでは同位体の存在比率はほぼ一定
- ●9世紀にドルトンが、水素の質量を基準の1として、原子の原子量を決めた

炭素原子 $^{12}_{6}C$ が質量の基準

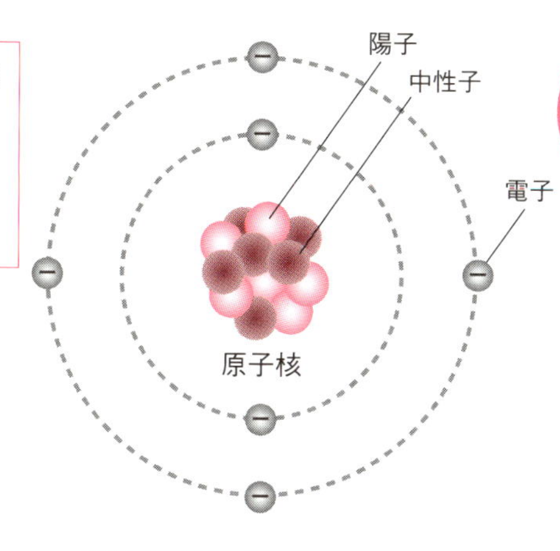

同位体がある元素の原子量の計算

Brの原子量の求め方

		存在比
$^{79}_{35}Br$	(質量：78.9183371)：	50.69%
$^{81}_{35}Br$	(80.9162906)：	49.31%

$$78.9183371 \times 0.5069 + 80.9162906 \times 0.4931 = 79.9035279$$

Brの原子量

元素名	同位体	相対質量	存在比(%)	原子量
水素	^{1}H	1.0078	99.985	1.008
	^{2}H	2.0141	0.015	
炭素	^{12}C	12(基準)	98.90	12.01
	^{13}C	13.003	1.10	
窒素	^{14}N	14.003	99.634	14.01
	^{15}N	15.000	0.366	
酸素	^{16}O	15.995	99.762	16.00
	^{17}O	16.999	0.038	
	^{18}O	17.999	0.200	
ナトリウム	^{23}Na	22.990	100	22.99
塩素	^{35}Cl	34.969	75.77	35.45
	^{37}Cl	36.966	24.23	
銅	^{63}Cu	62.930	96.17	63.55
	^{65}Cu	64.928	3.83	

14 「水素」といってもどの水素？

「水素」には、3つある

水素原子は2つくっついて、水素分子になり、分子としてそこそこ安定に存在するようになります。鉄や亜鉛に酸をかけると発生したり、水を電気分解するとマイナス極で発生する気体は、この水素分子です。水素原子が単独で大気中で存在することはありません。

さて、文章や会話で使う「水素」には、3つあることがわかりました。まず、「元素としての水素」、次に「水素原子」、そして「水素分子」です。単独の意味で用いられることもあれば、重複した意味で使われていることもあります。そのときは、文脈で読み取らないといけません。たとえば、次の水素は、どの水素かわかりますか？

①水素は未来のエネルギーとして期待されている。
②水素は空気よりも軽くて風船に入れると浮かぶ。
③鉄や亜鉛に硫酸や塩酸をかけると水素が発生する。
④水素は水の電気分解によって作られる。
⑤水素は水の構成要素である。
⑥宇宙の99・8％は水素でできている。
⑦地球上にある水素の大部分は、化合物として存在している。

おおよそ次の意味で用いています。

①元素、あるいは水素分子
②水素分子、あるいは元素
③水素分子、あるいは元素
④水素分子、あるいは元素
⑤水素原子、あるいは元素
⑥水素原子、あるいは元素
⑦元素、あるいは水素原子

2つあるのは、どちらの意味でも通じるからです。実際にどの意味で使っているかは、文脈によって判断する必要があります。使っている人が性質に注目していれば元素、具体的なモノを指しているときは原子か分子でしょう。けっこう難しいですね。

要点BOX
●元素としての水素
●水素原子
●水素分子

どの水素?

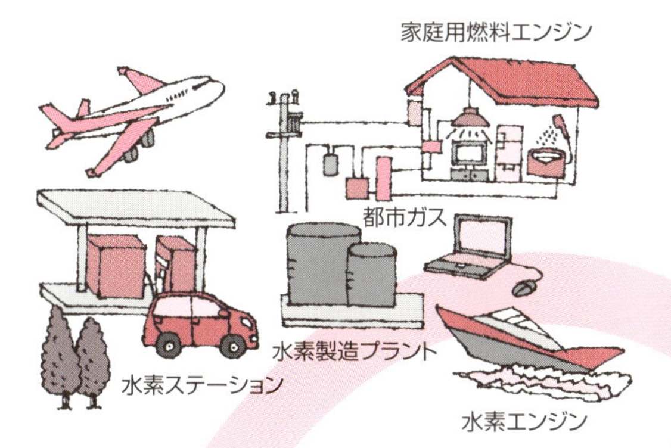

そのガスは空気よりもはるかに軽い

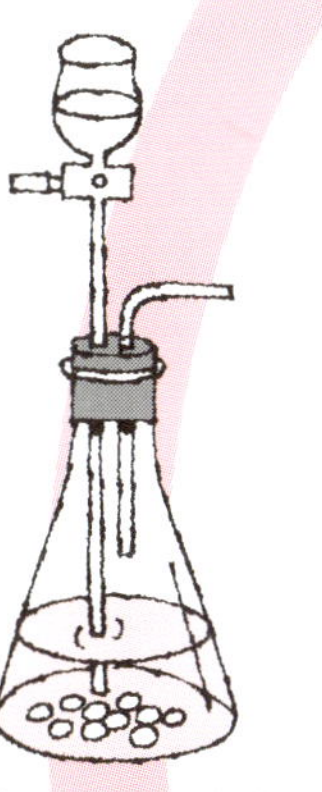

鉄や亜鉛に硫酸や塩酸をかけるとガスとして発生

そのガスに空気中で火を近づけると、燃えて水が生成

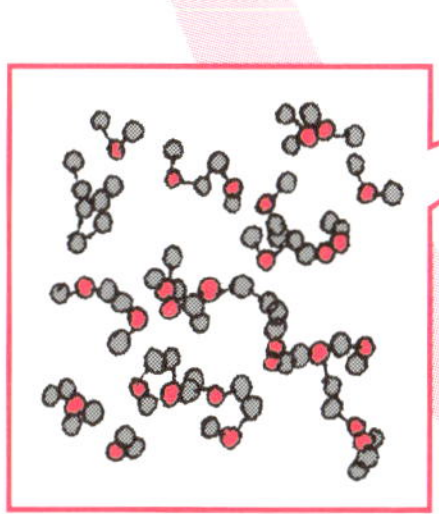

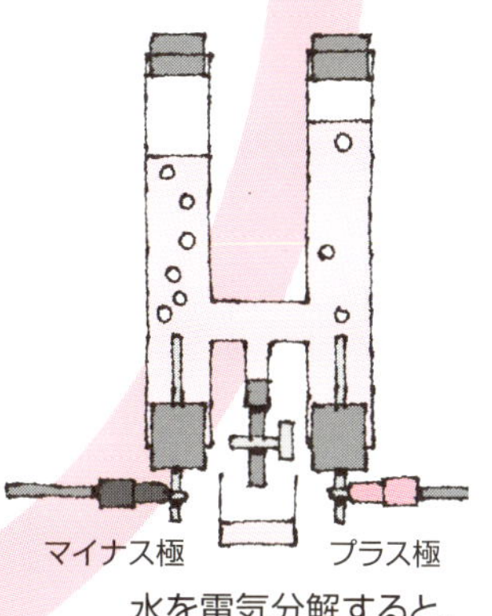

水を電気分解すると、マイナス極からガスとして発生

15 科学者の3タイプ〜事実型・仮説型・体系型

あなたはどのタイプ？

現在元素は118種類知られています。つまり、それ以上分けられない化学的性質が118種類あるということです。しかし、それらを、単にずらずらと並べてもあまり美しくありません。

科学者には、事実型・仮説型・体系型の3タイプあるといわれます。事実型は、正確で、客観的な個別的知識を愛します。仮説型は、事実と事実を結びつける観念を直観的に導くことに興味があります。体系型は、個別的事実を全体の体系にはめ込むことに喜びを感じます。これら3つの要素は、科学を推し進めていくうえでも必須の原動力です。元素の解明もこの3つが重なり合って進めてきました。

元素は無機化学という分野で扱われます。物理は普遍性を目指すもので、化学にももちろんその側面はあります。しかし、化学は、多様なモノや現象を、その多様なまま認識することに特徴があります。特に、無機化学は本質的に事実重視です。

また、化学の特徴的なアプローチの方法として、分類があります。分類とは、多様性を保ちつつ、物事を体系的に理解する方法です。元素は、それ以上わけられないのですが、中には、よく似た性質もあります。そして、それはある規則性・周期性をもって現れるのです。それを体系的に分類し、表したのが周期表です。

本書では、まず周期表が発見されるにいたる歴史を振り返ってみます。そして周期表がどのような化学的性質に注目して並べられているのか、さらになぜ元素は周期的に似たような性質をもつのかを探っていきましょう。今では原子の電子構造と関係付けて理解することができます。

この本を読んでいただいた読者のみなさんが、元素に対する理解を深めていただくと同時に、事実・仮説・体系という、科学の方法も実感していただくことを期待しています。

要点BOX
●化学は多様性を大切にする
●科学は事実・仮説・体系で進歩する
●無機化学は本質的に事実重視

科学者の3タイプ

事実性

アントワーヌ・ラヴォアジエ
(1743年～1794年)

ジョン・ドルトン
(1766年～1844年)

ドミトリ・メンデレーエフ
(1834年～1907年)

仮説性

体系性

アヴォガドロ

ファラデー

ラザフォード

キュリー夫人

アインシュタイン

Column

1および2族 アルカリ金属とアルカリ土類金属～電子はS軌道に

周期表の左端にあるリチウムLi、ナトリウムNa、カリウムK、ルビジウムRb、セシウムCsをアルカリ金属、その右隣のベリリウムBe、マグネシウムMg、カルシウムCa、ストロンチウムSr、バリウムBaをアルカリ土類金属と呼びます。水素Hは一番左上にあるのですが、水素はちょっと特殊で、アルカリ金属には入れません。

アルカリ金属とアルカリ土類金属に共通の特徴は、一番エネルギーの高い電子がs軌道に入っていることです。1個入っているのがアルカリ金属、2個入ってs軌道が埋まっているのが、アルカリ土類金属です。単体は金属ですが、反応性が高く、特にアルカリ金属は空気中に出すと、水分と激しく反応します。水に入れようものなら、リチウム以外は発生した水素と熱で爆発します。

電気的に中性な原子は基本的には電子を失いたくないのですが、他の元素と比較すると、アルカリ金属とアルカリ土類金属は、電子を1個とるために必要なエネルギーが比較的小さいのです。

一方、電子をもらいたい原子はたくさんいて、特にそれは周期表の右の方の元素です。そこで16、17族元素に電子を取られて、自分は陽イオン、相手は陰イオンになり、イオンになったあとのクーロン力で安定化して、イオン結晶を作ります。そのときの電子状態を見ると、アルカリ金属とアルカリ土類金属は、s軌道の電子がとれた閉殻構造になっているのでよく誤解されます。詳しくは7章で述べますが、イオン結合の本質は閉殻構造ではなく、多くのイオンの相互作用です。

よくアルカリ金属やアルカリ土類金属は、電子を渡しやすいと表現されますが、ニュアンスがちょっと違います。渡しやすいというよりも、取られやすい、かわいそうな(?)元素なのです(別にかわいそうではなく、取られて安定になって落ち着いているから幸せだともいえますが)。その取られやすさがアルカリ金属とアルカリ土数金属の高い反応性の原因なのです。

リチウムは高い反応性を利用してリチウムイオン電池としてスマートホンやパソコンに使われています。

水素はちょっと特殊なんだ

第2章

元素と原子をめぐる化学の発展

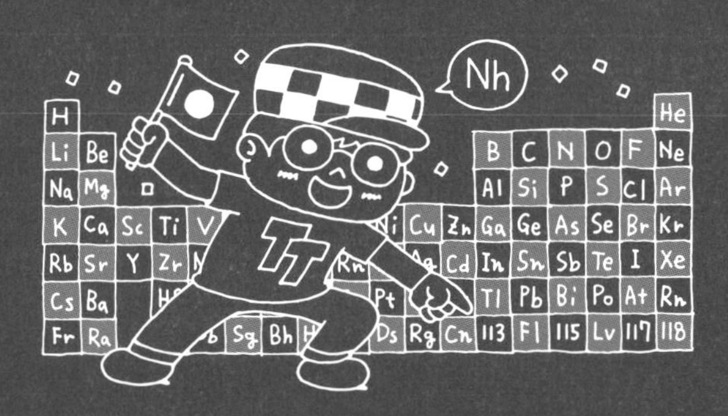

16 元素の分類の試み

原子量の順番で並べていた

1869年にロシアのドミトリ・メンデレーエフ（1834〜1907）が、当時知られていた63個の元素を分類した周期表を思いつきました。現在の周期表は原子番号の順に並べられていますが、メンデレーエフは原子量の順に並べました。当時はまだ原子の構造がわかっていなかったので、原子番号（陽子数）という考え方そのものがありませんでした。

ほとんどの場合、原子番号が大きくなるにつれて、元素の原子量も大きくなるので、原子量の順に並べることは、原子番号の順に並べることにほぼ等しかったのです。

それでもいくつか例外があります。天然に存在する原子番号92までの元素の中で、原子番号が1つ大きいのにも関わらず、原子量が前の元素よりも小さくなるところが4カ所あります。たとえば、アルゴン（$_{18}$Ar：原子量39.95）とカリウム（$_{19}$K：原子量39.10）、です。なぜ逆転が起こるかというと、同位体の存在比が異なるためです。

$_{18}$Arには、$^{36}_{18}$Ar、$^{38}_{18}$Arおよび$^{40}_{18}$Arの同位体が知られていますが、もっとも質量数の大きな$^{40}_{18}$Arが99.60％存在します。そのため、$_{18}$Arの原子量は39.948とほぼ$^{40}_{18}$Arの質量数に近くなります。一方、$_{19}$Kには、$^{39}_{19}$Kr、$^{40}_{19}$Krおよび$^{41}_{19}$Krの同位体がありますが、一番質量数の小さな$^{39}_{19}$Krが93.26％あります。そのため、$_{19}$K原子量は39.102と$^{39}_{19}$Krの質量数に近くなります。

メンデレーエフは理由は説明できませんでしたが、化学的性質を優先させて正しく並べていました。彼は単体の性質やどのような化合物を作るのかという、元素の化学的性質に注目して分類したのです。これこそ、機能的アプローチです。

メンデレーエフが周期表を思いつくまでには、多くの化学者の不断の努力がありました。本章では、周期表誕生にいたるまでの元素と原子をめぐる化学の発展の様子を紹介しましょう。

要点BOX

- ●ロシアのメンデレーエフが思いついた
- ●原則として原子量の順に並べた
- ●元素の化学的性質に注目して分類した

周期表には原子番号と原子量の逆転がある

1 H																	2 He
3 Li	4 Be											5 B	6 C	7 N	8 O	9 F	10 Ne
11 Na	12 Mg											13 Al	14 Si	15 P	16 S	17 Cl	18 Ar
19 K	20 Ca	21 Sc	22 Ti	23 V	24 Cr	25 Mn	26 Fe	27 Co	28 Ni	29 Cu	30 Zn	31 Ga	32 Ge	33 As	34 Se	35 Br	36 Kr
37 Rb	38 Sr	39 Y	40 Zr	41 Nb	42 Mo	43 Tc	44 Ru	45 Rh	46 Pd	47 Ag	48 Cd	49 In	50 Sn	51 Sb	52 Te	53 I	54 Xe
55 Cs	56 Ba	57-71 La-Lu	72 Hf	73 Ta	74 W	75 Re	76 Os	77 Ir	78 Pt	79 Au	80 Hg	81 Tl	82 Pb	83 Bi	84 Po	85 At	86 Rn
87 Fr	88 Ra	89-103 Ac-Lr	104 Rf	105 Db	106 Sg	107 Bh	108 Hs	109 Mt	110 Ds	111 Rg	112 Cn	113 Nh	114 Fl	115 Mc	116 Lv	117 Ts	118 Og

57 La	58 Ce	59 Pr	60 Nd	61 Pm	62 Sm	63 Eu	64 Gd	65 Tb	66 Dy	67 Ho	68 Er	69 Tm	70 Yb	71 Lu
89 Ac	90 Th	91 Pa	92 U	93 Np	94 Pu	95 Am	96 Cm	97 Bk	98 Cf	99 Es	100 Fm	101 Md	102 No	103 Lr

	18 Ar 19 K	27 Co 28 Ni	52 Te 53 I
原子番号	18＜19	27＜28	52＜53
原子量	39.95 ＞39.10	58.93 ＞58.69	127.60 ＞126.90

同位体の存在比の問題

アルゴンAr：原子番号18～陽子数18個：原子量(39.948)

同位体	同位体存在度(原子比、%)	質量(グラム)	中性子数(個)
^{36}Ar	0.337	35.9675	18
^{38}Ar	0.063	37.9627	20
^{40}Ar	99.600	39.9624	22

カリウムK：原子番号19～陽子数19個：原子量(39.102)

同位体	同位体存在度(原子比、%)	質量(グラム)	中性子数(個)
^{39}K	93.2581	38.9637	20
^{40}K	0.0117	39.9640	21
^{41}K	6.7302	40.9618	22

17 質量保存の法則

精密な実験をして定量的に示したラヴォアジエ

18世紀フランスで活躍したアントワーヌ・ラヴォアジエ（1743〜1794）は、近代化学の父と呼ばれますが、それはそれまで個別的現象の寄せ集め感が大きかった化学を、体系づけようとした点にありました。それまでの化学は、どのように反応するかという定性的な関心が中心で、どれだけ反応するかという定量的な視点にかけていました。もっとも、それは仕方ないことでした。当時は、いまほど実験器具や分析装置が発達しておらず、精密な測定が困難だったのです。ラヴォアジエは精密測定にこだわり、彼の作った天秤は10㎎程度の精度をもっていたようです。

有名なスズの酸化の実験があります。これは燃焼の本質を探る試みでした。密閉できる容器の中に、空気と金属スズを入れて加熱します。すると空気中の酸素がスズと反応して、酸化スズができます。酸化スズはもとの金属スズよりも重くなっていましたが、容器を含めたすべての重さは変わっていませんでした。

また、当時、水は土に元素変換すると信じられていました。そこで、きれいな水を、密閉できるガラス容器に入れ、101日間も70〜80℃に保ちました。少し経つと、水は白く濁り、やがて沈殿物ができました。しかし、水と容器の重量を正確に測ったところ、水の重量は変わっておらず、沈殿物はガラス容器が溶け出したものであることがわかりました。

このころすでに、反応の前後で、反応に関わる全物質の質量の合計が変わらないことは、当たり前のこととして知られていたようです。これが質量保存の法則です。本来の興味はほかにあったとはいえ、ラヴォアジエは精密な実験をして定量的にそれを示したのです。

現在では、質量はエネルギーの一形態であり、質量が減って、それに応じたエネルギーが発生することがわかっています。しかし、化学反応に伴うエネルギー変化は小さく、実質上、質量は保存されるとして構わないのです。

要点BOX

- 「近代化学の父」と呼ばれている
- 有名なスズの酸化の実験
- 精密測定にこだわった事実型のラヴォアジエ

質量保存の法則

燃焼とは酸素との化合

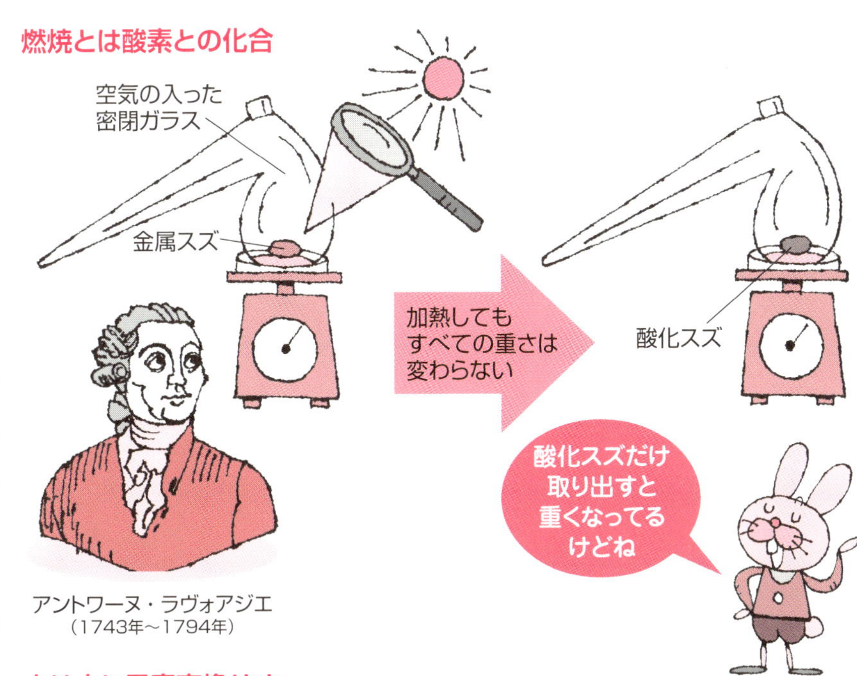

アントワーヌ・ラヴォアジエ
（1743年～1794年）

水は土に元素変換せず

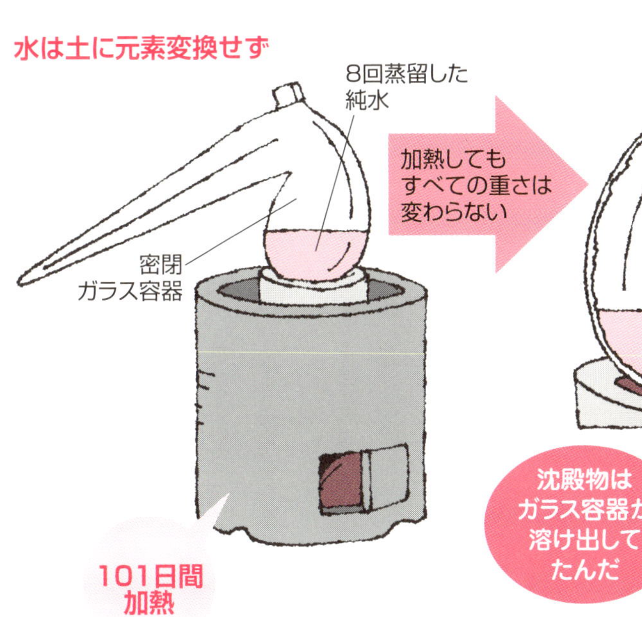

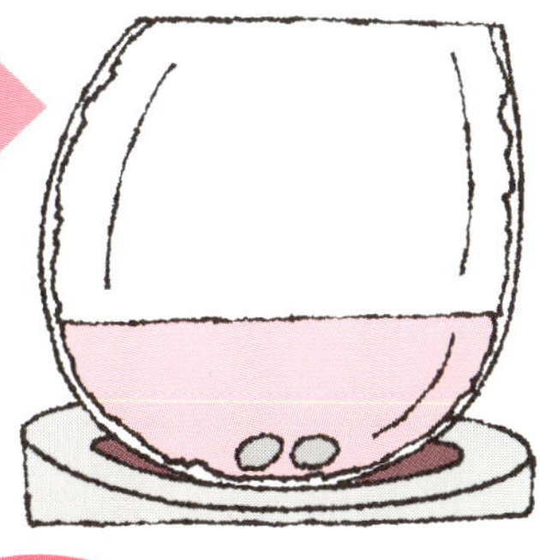

18 一定組成の法則（定比例の法則）

原子量の概念へつながっていく

19世紀はじめには、まだ化合物と混合物の区別もはっきりとしていませんでした。ここで、モノ（物質）の区別をしておきましょう。

まず、物質は大きく分けて、1種類の物質から構成される純物質と、2種類以上の純物質の混ざった混合物に分けられます。純物質はさらに、単体と化合物に分けられます。単体は、1種類の元素のみからできている物質です。酸素分子・窒素分子・鉄・金・銀などが例です。

一方、化合物は、2種類以上の元素からできている物質です。水素と酸素からなる水やナトリウムと塩素からなる食塩などが例です。混合物の例としては、食塩と水が混ざった食塩水、窒素分子と酸素分子が混ざった空気などがあります。

純物質の多くは、構成する元素の質量比が一定になります。これを一定組成の法則（定比例の法則）と呼びます。18世紀後半では、質量保存の法則と同様に、暗黙のうちに受け入れられていたようです。

いくつかの質量の銅粉を用意します。それらを別々に空気中で加熱し酸化銅にします。もとの銅の質量とできた酸化銅の質量を調べてグラフを作ると、原点を通る直線関係が得られます。質量保存の法則から、銅と反応した酸素の質量は、酸化銅の質量からもとの銅の質量を差し引いて求められます。つまり、元の銅の質量に対して、反応した酸素の質量をプロットしてもやはり原点を通る直線関係が得られます。この直線の傾きから、量に依らず、もとの銅と反応した酸素の質量比は、4：1となることがわかります。

このように化合物の組成比が決まっていることは何を意味するのでしょうか。それはまず銅と酸素がそれぞれ「固有の質量をもつ」ことを示しています。そして、反応する量に依らず「同じ比率で化合物を作っている」ことを意味します。元素が固有の質量をもつということが原子量の概念につながっていきます。

要点BOX
- ●1種類の物質から構成される純物質
- ●2種類以上の純物質の混ざった混合物
- ●構成要素は固有の質量をもつ

物質の区別

- 物質
  - 純物質
    - 単体 … 1種類の元素からできている物質
      酸素分子・窒素分子・鉄・金・銀など
    - 化合物 … 2種類以上の元素からできている物質
      水(水素と酸素)・食塩(ナトリウム塩素)など
  - 混合物 … 2種類以上の純物質からできている物質
    食塩水(食塩と水)・空気(窒素分子と酸素分子)など

一定組成の法則(定比例の法則)

銅の酸化：$Cu+0.5O_2 \rightarrow CuO$

いろんな質量の銅の粉末

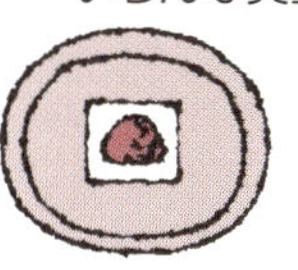

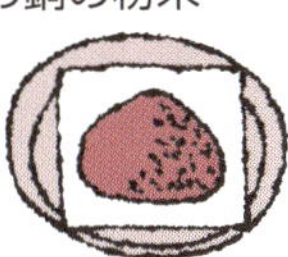

銅の粉末　ステンレス皿

大気中で加熱

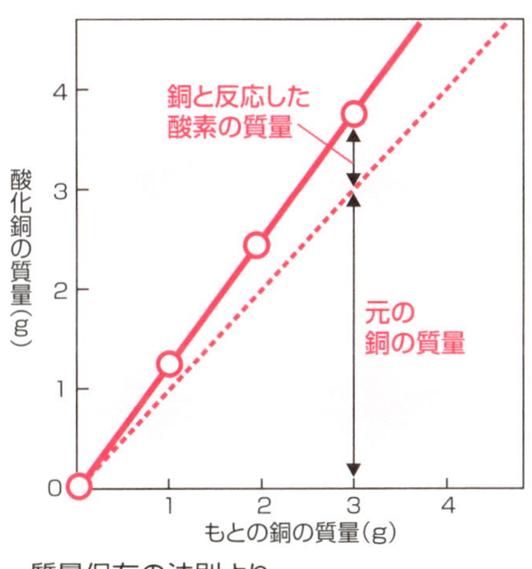

質量保存の法則より
(もとの銅の質量)+(反応した酸素の質量)
=(できた酸化銅の質量)

もとの銅が1.0g → 酸化銅は1.25g
反応した酸素：1.25(g)−1.0(g)=0.25(g)

銅：酸素＝1.0(g)：0.25(g)＝4：1

化合物の質量組成比は一定になる

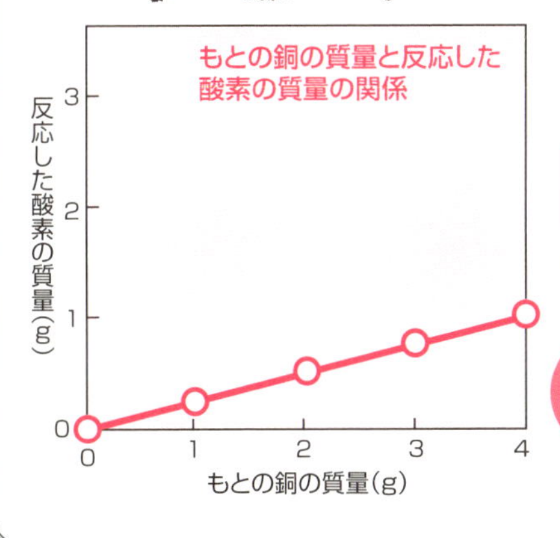

19 組成整数比の法則（倍数比例の法則）

原子の存在を予感させる

一定組成の法則は、ある1つの化合物について、それを構成する元素の質量比が一定になるというものでした。しかし、酸化銅は二種類存在します。黒色の酸化銅と赤色の酸化銅です。化合物に含まれている元素の種類と比を表す、いまの組成式では、それぞれCuOとCu_2Oとなります。

18項で述べた、もとの銅と反応した酸素の質量比が4：1となるのは、黒色の酸化銅の場合です。それに対して、赤色の酸化銅では、銅と酸素の質量比は8：1となります。つまり、酸素を1とすると、黒色の酸化銅と、赤色の酸化銅に含まれる銅の質量比は4:8=1:2となることがわかるでしょう。

このように、元素Aと元素Bが化合物をいくつか作るとき、一定量のAと結びつくBの質量は、化合物どうしで、簡単な整数比になるという法則を、組成整数比の法則（倍数比例の法則）と呼びます。

原子の存在が明らかになっている今では、そもそも組成式を見れば一目瞭然です。しかし、その組成式は質量を原子量で割って比率を求めているのです。

たとえば、黒色の酸化銅では質量比が4：1なので、4gの銅には1gの酸素分子が結合して5g（g）の黒色の酸化銅を作ります。5gの黒色の酸化銅には、銅原子4gと酸素原子1gがあります。いまでは銅と酸素の原子量がそれぞれ、63.55と16とわかっています。したがって、原子数の比は

$$Cu : O = \frac{4}{63.55} : \frac{1}{16} = 0.0629 : 0.0625 \approx 1:1$$

となるので、組成式としてCuOと表されるのです。

一定組成の法則の比率は整数でなくてかまいません。しかし、組成整数比の法則は整数比です。整数比になるということは、ばらばらの何かを予想させます。そのため、原子の存在をしめしていると考えられました。このようにして、いろいろな化学の法則が発見され、周期表が生み出される土俵が整っていったのです。

要点BOX

- ●一定組成の法則は1つの化合物に成り立つ
- ●組成整数比の法則は化合物間の関係
- ●整数比はばらばらの何かを予想させる

組成整数比の法則（倍数比例の法則）

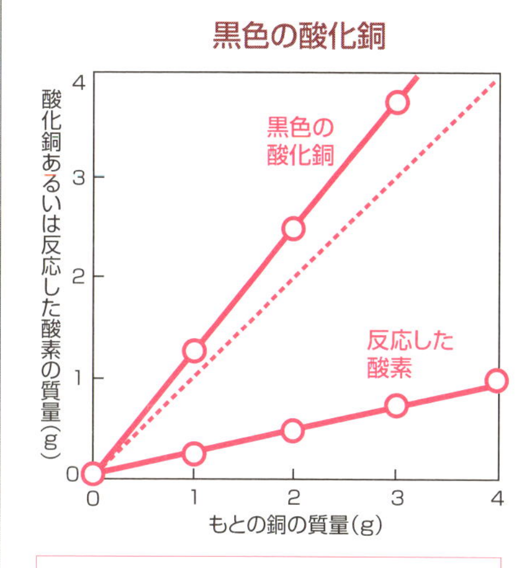

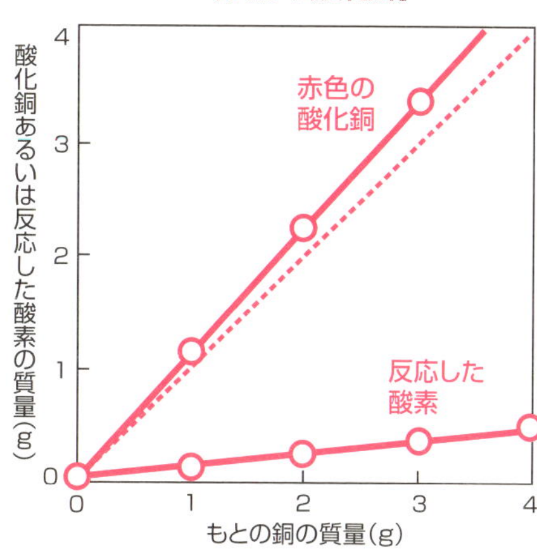

銅：酸素 ＝1.0(g)：0.25(g)＝ 4：1

銅：酸素 ＝ 2.0(g)：0.25(g)=8：1

それぞれの組成比を使って
酸素を1とすると

（黒色の酸化銅に含まれる銅）：（赤色の酸化銅に含まれる銅）
=4：8 =1：2

同じ元素で構成されている化合物の間で
比べるのが、組成整数比の法則

組成式で書くと

黒色の酸化銅	赤色の酸化銅
CuO	Cu_2O

20 元素の性質を数値化しよう〜当量

一時は原子量よりも重要視された

1792年にドイツのイェレミアス・リヒター（1762〜1807）は、酸と塩基の「当量」の値を発表しました。化学の定量化の一環です。

酸と塩基の定義を酸とは水溶液中で水素イオンを生じる物質、塩基とは水溶液中で水酸化物イオンを生じる物質としましょう。酸と塩基を一緒に混ぜると、水素イオンと水酸化物イオンが反応して、水ができます。これを中和といいます。

当量とは、酸の場合には、一定量の塩基をちょうど中和する質量をいい、塩基の場合は逆に一定量の酸を中和する質量になります。つまり、実験的に求められる量なのです。

リヒターは、硫酸の当量を1000として、いろいろな酸と塩基の当量（質量なのでグラム当量と呼ばれています）を相対的に求めました。

当量という考え方は、酸塩基だけでなく、元素や酸化還元にも適用されました。当量は、いまの化学用語を用いれば、化学式量と反応に関係する価数で求められます。化学式量とは、その物質の組成式に基づいて、組成式に含まれる原子の原子量に、含まれる原子数を掛けて和を求めた値をいいます。反応に関係する価数とは、たとえば酸では、その物質が水溶液中でいくつ水素イオンを生じるのかで決めます。たとえば、塩酸HClは1価の酸、硫酸H_2SO_4は2価の酸、リン酸H_3PO_4は3価の酸になります。

元素の原子量は、当量に原子価をかけたものです。まだ、原子価が不明確であった19世紀半ばのヨーロッパでは、原子量よりも、実測できる当量が重要視されることもありました。わが国でも、つい10年ほど前まで、この当量を使って濃度を表した規定度が使われていました。

しかし、現在では濃度はモル濃度で統一して表す約束になっているので、今では当量も規定度も使われていません。

要点BOX
- ●原子量と違って実測できる
- ●化学の発展において重要な役割を果たした
- ●元素の原子量は当量に原子価をかけたもの

元素の性質の数値化～当量

リヒターの求めた酸と塩基の当量

酸		塩基	
フッ化水素酸	427（HF 500）	アルミナ（酸化アルミニウム）	525（Al_2O_3 425）
炭酸	577（CO_2 550）	マグネシア（酸化マグネシウム）	615（MgO 500）
シュウ酸	755（C_2O_3 900）	アンモニア	672（NH_3 425）
リン酸	979（$P_2O_5 \cdot 3H_2O$ 825）	ライム（酸化カルシウム）	793（CaO 700）
硫酸	1000（SO_3 1000）（$SO_3 \cdot H_2O$ 1225）	ソーダ（酸化ナトリウム）	859（Na_2O 775）（$Na_2O \cdot H_2O$ 1000）
硝酸	1405（N_2O_5 1350）（$N_2O_5 \cdot H_2O$ 1575）	ストロンチア（酸化ストロンチウム）	1329（SrO 1350）
酢酸	1480（$C_4H_6O_3 \cdot H_2O$ 1500）	ポタッシュ（酸化カリウム）	1605（$K_2O \cdot H_2O$ 1400）（K_2CO_3 1725）
		バリタ（酸化バリウム）	2222（BaO 1913）（$BaO \cdot H_2O$ 2138）

（硫酸を1000とした。（　）内は化学式を推定し、現在の値で計算した値）

実験的に、
数値として
求められることが
大切だね

当量は一世を風靡した

グラム当量は質量組成比から実験的に求まる
水素を基準に1とする

質量比さえ
求まれば、
グラム当量を
求められる

水の水素と酸素の質量比

水素：酸素 ＝ 1： 8

（酸素のグラム当量）

＝（水の水素に対する酸素の質量比）×（基準の水素のグラム当量）

＝（8/1）×1＝8　[グラム当量]

原子組成比が
なくてもOK

二酸化炭素の炭素と酸素の質量比

炭素：酸素＝3：8

（炭素のグラム当量）

＝（二酸化炭素の酸素に対する炭素の質量比）×（酸素のグラム当量）

＝（$^3/_8$）×8＝3　[グラム当量]

21 原子論の復活

仮説型の典型〜ドルトン

19世紀に入ってすぐの頃、イギリスのジョン・ドルトン（1766〜1844）は、次の原子説を仮説としたてて研究していました。

①すべての物質は分割できない原子という粒子でできている。
②異なる元素の原子は質量や性質が異なる。
③化合物は異なる原子が決まった割合で結合している。
④原子は化学変化の前後でなくなったり、新しく生まれたりすることはない。

この仮説にもとづくと、化合物の質量は、それを構成する原子の質量の和になります。そして、自身の原子説を用いて、原子の質量、すなわち原子量を求めようとしました。

しかし、問題が2つあります。化合物の構成要素の質量比が、実験的に求められます。しかし、その化合物が原子何個からできているか（原子組成比）がわからないと、個々の原子の質量と測定できる質量比の関係が得られません。1つ目の問題です。

そして、もう1つは何かを基準にとらないといけないことです。化合物の質量比と原子組成比がわかっても、所詮どちらも比率なので、相対的な関係しか得られないためです。ドルトンは、一番軽い水素の原子量を基準の1にとりました。

原子組成比を決めるために、ドルトンは「最単純性の原理」を提唱しました。元素AとBからなる化合物は、原則としてもっとも単純なABが生じるという、ドルトンの信念に基づいた仮説でした。また、気体は原子1つからなると信じていました。そのため、水素と酸素が反応して水になることは、今の記号を使うと

H+O→HO

となります。当時、水は質量百分率で酸素85％と水素15％とされていたので、H:O=1:1であれば、酸素の原子量は85/15=5.67になります。いまの酸素の原子量16とは大きく異なります。

要点BOX
- ●仮説というより信念
- ●一番軽い水素の原子量を基準の1にとった
- ●「最単純性の原理」を提唱

ドルトンは原子を考えた

1803年

ジョン・ドルトン
(1766年〜1844年)

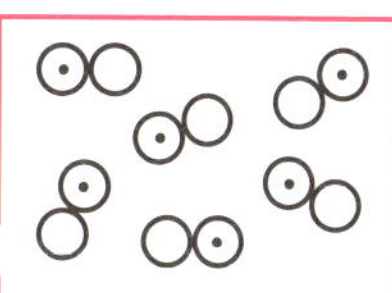

単 体

水素　窒素　炭素　酸素　燐　硫黄　マグネシア　ライム

ソーダ　ポタシュ　ストロンチア　バリタ　鉄　亜鉛　銅　鉛

銀　白金　金　水銀

二元原子

水　アンモニア　一酸化窒素　生油気＝エチレン　一酸化炭素

三元原子

亜酸化窒素　硝酸　炭酸　炭化水素

ドルトン流〜水の原子量の求め方

水素Hを基準の1とする

当時、水の質量比は、H：O＝0.15：0.85 ← 実験的に求まる

⊙○
HO

原子組成比を1:1とすれば
水素と酸素の固有の質量(原子量)の
単純な和が水の質量になる

(酸素の原子量)
＝(水素に対する酸素の質量比)×(水素の原子量)
＝(0.85/0.15)×1 ＝ 5.67

22 アヴォガドロの仮説

反応体積の法則の説明を試みた

19世紀初め、すでに、水素2体積と酸素1体積が反応して、水蒸気2体積が生じることはわかっていました。ジョセフ・ルイ・ゲーリュサック（1778〜1850）は、他の気体の関与する反応についても、体積に整数比がみられるかどうか調べ、1805年に、「気体が反応するとき、反応する気体と生成する気体の体積は、同じ温度・同じ圧力で測定したとき、簡単な整数比が成り立つ」という反応体積の法則を発表しました。整数比というところがポイントです。

原子を提唱したドルトンは、化合物は複数の原子から構成されていると考えましたが、同じ原子どうしは反発すると信じきっていたので、原子が2つ結合することを認められませんでした。ドルトンの考えでは、水素H＋酸素O→水蒸気OHとなり、水素と酸素と水蒸気の体積比2：1：2は説明できませんでした。

イタリアのアメデオ・アヴォガドロ（1776〜1856）は、異なる種類の気体でも、同じ温度・同じ圧力のもとでは、一定体積の中に、同じ数の粒子が含まれていると考えました。そして、単体の気体粒子が、反応するときに分裂することがあると考えるとよいことに気づきました。この考えによると、水素粒子はそもそも酸素粒子の2倍あって、それらは反応に伴って、それぞれ2つに分裂し、分裂した水素粒子2つと分裂した酸素粒子1つが結合して水蒸気粒子1つを作ることになります。こう考えて、体積比がうまく説明できることを示したのです。この分裂したあとの粒子が原子で、分裂する前が2原子分子になります。しかしこの考えは、その後50年ほども認められていませんでした。

また、現在用いられているような、複数の原子が結合した化合物としての分子という概念は、1830年代ころに、フランスのローレント・ローラン（1808〜1853）やシャルル・ジェラール（1816〜1856）らによる有機化合物の研究の中で確立されてきました。

要点BOX

- ●分裂する粒子を考える
- ●分子の概念へつながる
- ●アヴォガドロも仮説型

反応体積の法則（気体反応の法則）

ジョセフ・ルイ・ゲイ=リュサック
（1778年〜1850年）

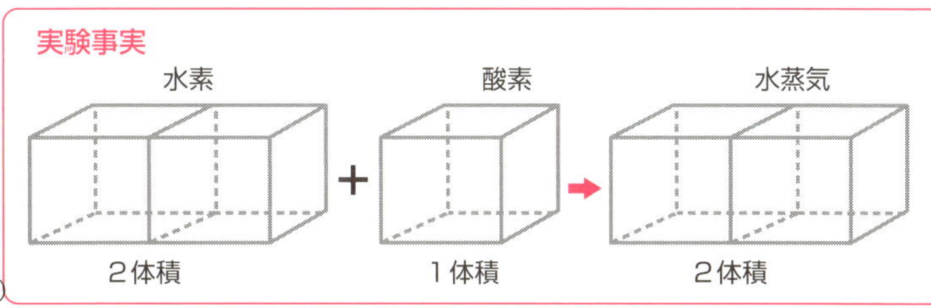

ドルトンの説では、酸素が分割されることはありえなかった
水は水素と酸素が1:1で結びついていると信じていた

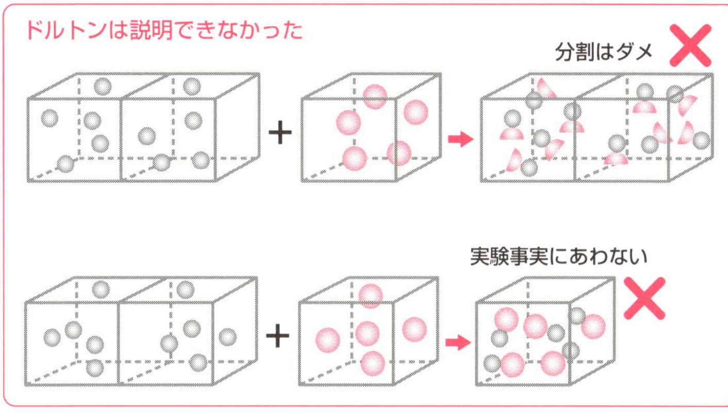

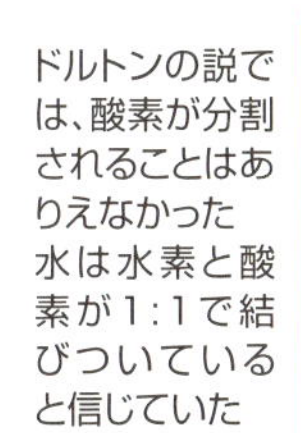

アメデオ・アヴォガドロ
（1776年〜1856年）

アヴォガドロは分裂もありと考えた

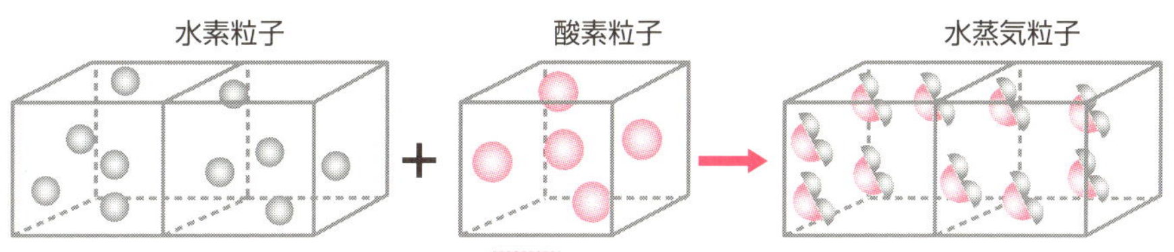

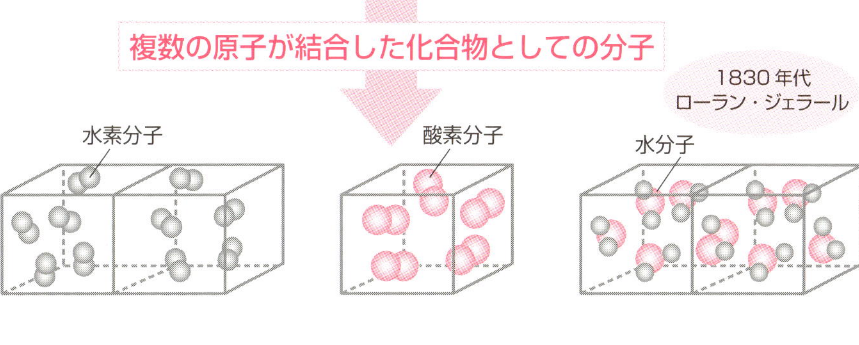

23 原子の予感と原子量の精密化

ベルセリウスは原子量の精密化に貢献した

少し時代を戻りましょう。ドルトンと同時代のスウェーデンにイェンス・ベルセリウス（1779〜1848）がいました。ベルセリウスは、ドルトンの原子説の重要性を認識し、正しい原子量を得ようとしました。そこで、最初はガスも水道もなかった実験室からはじめて、当時知られていた、43の元素で2000種類の化合物を研究しました。事実型の人ですね。

ドルトンは水素を基準に原子量を決めていました。しかし、当時は、原子量を化合物の質量分析で相対的に求めていたので、多くの元素と化合物を作る酸素の方が便利でした。そこで、酸素の原子量を100として、他の元素の原子量を表しました。

そのうち、次第に、原子が実在すると予感させる事実が発見されてきました。それは、より正確に原子量を求めることにもつながりました。

1819年、フランスのピエール・ルイ・デュロン（1785〜1838）とプティは、すべての原子の比熱は一定であるという考えのもと、金・銀や銅などの固体の単体では、比熱と原子量の積が一定になる「デュロン＝プティの法則」を示しました。現代的には、固体1モルの示すモル熱容量は25［ジュール／ケルビン（比熱の単位）］になると表されます。これは、どんな原子でも1個あたり同じ熱容量4.2×10^{-23}［ジュール／ケルビン］をもつことを示しています。この法則を固体の化合物に適用すれば、化合物中の原子数が見積もれるので、酸化物の原子組成比が明らかになります。

多くの鉱物は規則正しい外形をもちます。ドイツのアインハルト・ミッチェルリッヒ（1794〜1863）は、1818〜1819年ころ、結晶形は含まれる原子の数で決まり、同じ結晶形をもつ化合物は組成も似ているという、「同形律」を発表しました。硫酸カリウム（ミョウバンの原料）とセレン酸カリウムは同形なので、K_2SO_4に対してK_2SeO_4として、硫黄Sの原子量32からセレンSeの原子量は79と求まります。

要点BOX
- ●43の元素で2000種類の化合物を研究した
- ●原子の実在を予感させる事実が次々と発見
- ●ベルセリウスは事実型

ベルセリウスは原子量を精密化した

イェンス・ベルセリウス
（1779年～1848年）

元素	ドルトンの原子量 (H=1)1810	ベルセリウスの原子量 (O=16に換算)1826	現代の4桁原子量 (C^{12}=12)1985
H	1	1.00	1.008
C	5.4	12.25	12.01
N	5	14.16	14.01
O	7	16.00	16.00
Na	21	46.54	22.99
Mg	10	25.34	24.31
P	9	31.38	30.97
S	13	32.19	32.07
K	35	78.39	39.10
Ca	17	40.96	40.08
Fe	50	54.27	55.85
Cu	56	63.31	63.55
Zn	56	64.52	65.39
Sr	39	87.56	87.62
Ag	100	216.26	107.9
Ba	61	137.10	137.3
Hg	167	202.53	200.6
Pb	95	207.12	207.2

Na、K、Agが倍くらいの値だったけど、他の元素はいまの値とほとんど同じだね

原子の実在を予感させる事実

デュロン・プティの法則

固体	モル熱容量［ジュール/ケルビン］
金	25.4
銀	25.4
銅	24.4
鉄	25.1
アルミニウム	24.4
亜鉛	25.4
マグネシウム	24.9

種類によらず原子1個のもつ熱容量は同じ

ミッチェルリッヒの同形律

硫酸カリウム

K_2SO_4
S=32

同じ結晶形なら組成も似ている

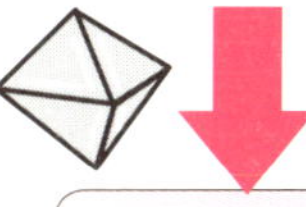

セレン酸カリウム

K_2SeO_4
Se=79

S 原子と Se 原子が入れ替わったと考えてるんだね

24 有機化学の貢献

原子価は有機化学が生み出した

有機化学は、炭素を中心として水素、酸素、窒素、硫黄などから構成される化合物（有機化合物）を研究する化学の分野です。1840年代には、そのもっとも重要な炭素・水素・酸素の原子量が問題でした。当時、（水素・炭素・酸素）の原子量の組み合わせとして、（1・12・16）、（1・6・8）、さらに（1・6・16）という3つがあり、統一されていない状況でした。また、1850年ころまでは、化合物は組成で表していました。まだ分子という概念が認められていない状況だったからです。

しかし、有機化学においては、組成は同じでも構造が異なり、性質が異なる化合物が多数あります。たとえば、フリードリヒ・ヴェーラー（1800〜1882）が合成に成功した尿素（NH_2CONH_2）は、もともとの目的物であったシアン酸アンモニウム（NH_4OCN）と同じ組成CH_4N_2Oです。このように、有機化学では、分子という考えが必要になり、その構造が重要になります。

元素の原子量を与えるうえで重要な原子価の概念は、有機化合物の構造を考えるために提案されました。原子価は、ある原子が他の原子何個と結合しうるかを表す尺度です。通常、水素原子の原子価を1として、他の原子の原子価を決めます。たとえば、メタンは分子式でCH_4と表されます。このことから、炭素原子の原子価は4と決められます。H_2Oから酸素原子の原子価は2になります。原子価は、私たちが、「結合の手の数」と習うものです。原子価が求められると、実験的に求められる当量にその原子価を掛けることにより、原子量が求められるのです。

ベンゼン環の構造を発見したアウグスト・ケクレ（1829〜1896）は、炭素原子は4価で、たがいに結合して鎖となり、これが有機化合物の骨格をつくると考えました。このようにして有機化合物の構造を研究する基礎が作られていきました。

要点BOX
- 有機化学は構造が重要
- 原子価は、ある原子が他の原子何個と結合しうるかを表す尺度

有機化学では構造が大切

フリードリヒ・ヴェーラー
（1800年〜1882年）

尿素
（NH_2CONH_2）

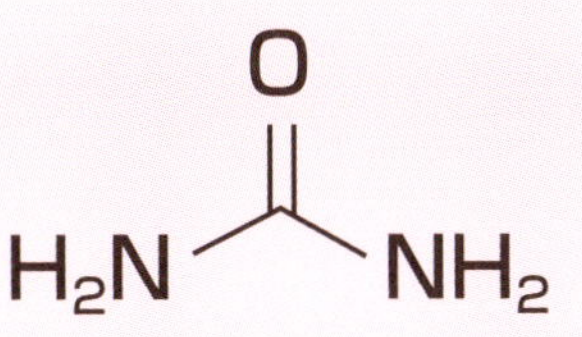

シアン酸アンモニウム
（NH_4OCN）

$H_4\overset{\oplus}{N}\quad \overset{\ominus}{O}{-}C{\equiv}N$

同じ組成CH_4N_2O

組成だけじゃ見分けがつかないね

原子価は有機化学から

水素	塩素	酸素	硫黄	窒素	炭素
H−	Cl−	−O−	−S−	−N−（下に1本）	−C−（上下に1本ずつ）
1価	1価	2価	2価	3価	4価

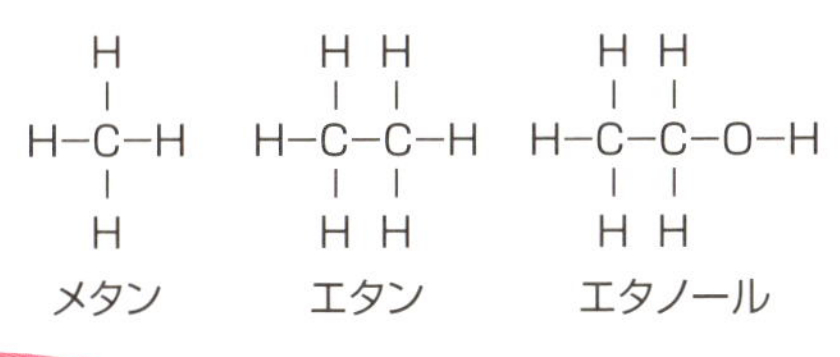

O＝C＝O
二酸化炭素

アンモニア

原子価は、原子量を求めるだけでなく、メンデレーエフが周期表を発見する際に、原子量とともに指標になった。ただし、水素の原子価がなぜ1価なのかについては、20世紀の量子力学の発見まで待つ必要があった。

アウグスト・ケクレ
（1829年〜1896年）

25 カールスルーエの国際化学会議

化学ではじめての国際会議

化学史に残る重要な国際会議が、1860年9月3日から3日間、ドイツのカールスルーエで行われました。当時、原子量の値も、分子構造の書き方もばらばらな状況でした。アウグスト・ケクレ（当時、弱冠30歳）が当時のヨーロッパの名だたる化学者に声をかけ、120人以上が集まりました。

19世紀には、科学技術が国家に支援されて行われるようになり、それに伴って、国際競争とともに、協力も活発になってきていました。国際気象会議（1873、ウィーン）、国際電気会議（1881、パリ）、国際数学者会議（1897、チューリッヒ）、国際物理学会議（1900、パリ）、などが開催されました。

カールスルーエでの国際化学会議でもっとも大きな功績を残したのは、イタリアのスタニズラオ・カニッツァーロ（1826～1910）でしょう。アヴォガドロの分子説を実証するために、彼は、デュマの蒸気密度法という気体の状態方程式を用いて分子量を求める方法に注目しました。そして、水素、酸素、塩素、窒素などが2原子分子と考えられることを示しました。さらに、それから求められる原子量が、デュロン＝プティの「比熱の法則」を用いてもとめられるものとよく一致することを示しました。

このように彼は、アヴォガドロの仮説の重要性を説き、現在の値と遜色ない原子量を記載した自身の論文を参加者に配布しました。彼の主張は、多くの参加者に強い印象を与えましたが、すぐに受け入れられたわけではありません。

ドルトンの原子説やアヴォガドロの仮説が仮説でなくなるには、さらに1908年のペランの実験まで待たなければなりませんでした。ペランは、いろいろな方法で、得られたアヴォガドロ定数を比較しています。原理的にまったく関係のない方法で得られたアヴォガドロ定数がよく一致することは、原子説と分子説が正しいことを保証しています。

要点BOX
- ●ケクレの呼びかけで開かれた
- ●カニッツァーロが原子量の表を配った
- ●やがてペランの実験につながっていく

カニッツアロは現在はほとんど変わらない原子量を出した

スタニズラオ・
カニッツァーロ
（1826年〜1910年）

元素	カニッツァーロの原子量 (H=1) 1860	現代の4桁原子量 (C^{12}=12) 1985
H	1	1.008
C	12	12.01
N	14	14.01
O	16	16.00
Na	23	22.99
Mg	24	24.31
P	31	30.97
S	32	32.07
K	39	39.10
Ca	40	40.08
Fe	56	55.85
Cu	63	63.55
Zn	65	65.39
Sr	87.5	87.62
Ag	108	107.9
Ba	137	137.3
Hg	200	200.6
Pa	207	207.2

1908年にようやく原子説と分子説は認められた

ジャン・バティスト・ペラン
（1870年〜1942年）

ペランのアヴォガドロ定数

観測された現象		$N/10^{23}$
気体の粘性率（ファン・デル・ワールスの式）		6.2
ブラウン運動	粒子の分布	6.83
	変位	6.88
	回転	6.5
	拡散	6.9
分子の不規則な分布	臨界乳光	7.5
	空の青色	6.0
黒体のスペクトル		6.4
球体の電荷（気体中）		6.8
放射能	放射能の電荷	6.25
	発生するヘリウム	6.4
	失われるラジウム	7.1
	放射されるエネルギー	6.0

Column

「13族ホウ素族」～p軌道に電子1個

13族はホウ素B、アルミニウムAl、ガリウムGa、インジウムIn、タリウムTlで、p軌道に1個電子をもっています。その下のs軌道は2個の電子で埋まっているので、電子が3個とれると貴ガスの電子配置になります。その状態は3価の陽イオンなので、ハロゲンや酸素と化合した固体はイオン結合性を示します。ただし小さな原子のホウ素から電子を取るのは大変なので、別の戦略を立てます。2s軌道と2p軌道はエネルギーが比較的近いので、2s軌道を埋めていた2個の電子のうち1個を電子の入っていない2p軌道にもっていきます。このほうが、電子が存在できる空間が広がってより安定になるからです。これはホウ素が5個もっている電子のうち、2個は1s軌道に入れて、あとの3個は3つの軌道それぞれに1個ずつ電子が入った状態です。つまり結合の手を3本もって、他の元素と共有結合します。

アルミニウムは酸素、ケイ素に次いで、地殻中に多い元素です。酸素と強く結びついて、酸化アルミニウム(アルミナ)として存在しています。そこから金属アルミニウムを作り出すのがたいへんなのです。酸化アルミニウムを金属アルミニウムにするには、アルミニウムと結合している酸素原子を無理やり取り除く必要があります。他の金属たとえば、銅が酸素と結合した酸化銅では、水素を混ぜて加熱することにより、水素が銅から酸素を奪って水になります。その結果、銅は金属になるのです。もう少し酸素と強く結合する鉄では、炭素を使います。炭素を混ぜて高温にすることにより、炭素が鉄と結合していた酸素を奪って一酸化炭素や二酸化炭素になり、鉄は金属になるのです。

ところが、アルミニウムはそれよりも酸素と強く結合しており、銅や鉄と同じ条件ではまったく酸素を奪うことができません。仕方がないので、伝家の宝刀「電気エネルギー」を使います。身近にあるアルミ缶1個を作るのに、700Wの電子レンジを30分使うだけの電気エネルギーが必要です。リサイクルではその3%しか必要ではありません。そもそもアルミ缶を使う量を減らして、使ったらリサイクルしないといけないですね。

第3章 「元素の謎」に挑戦した科学者たち

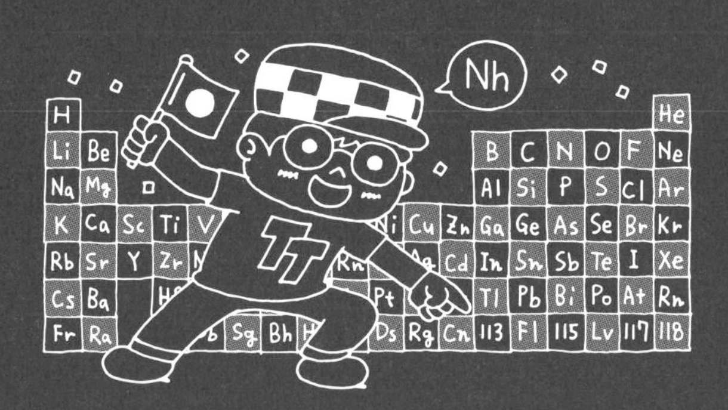

26 元素を分類してみよう〜三つ組元素

化学的性質と原子量の相関が見つかってきた

1700年までには、わずか15種類の元素しか知られていませんでした。その後、100年間で15種類が発見されました。ところが、1800年から1810年のたった11年間に13種類もの元素が発見されたのです。1830年までには54種類の元素が知られていました。このように多くの元素が見つかってくると、規則性を見つけて分類したくなるものです。

1829年ころ、ドイツのヨハン・デーベライナー（1780〜1849）が、三つ組元素を発見しました。《カルシウム、ストロンチウム、バリウム》は、今ではアルカリ土類金属としてしられていますが、これらは酸化物が水と反応して発熱し、その水溶液は強いアルカリ性を示すことや、炭酸塩は熱分解して二酸化炭素を発生するなど化学的性質がよく似ています。それらの酸化物CaO、SrO、BaOの塩基としての当量はそれぞれ、27.5、50、72.5と求められていました。当時はまだ原子量が統一されていなかったので、塩基としての当量に注目したのです。すると、

$$(SrO\text{の当量}[50]) = \frac{(CaO\text{の当量}[27.5]+)(BaO\text{の当量}[72.5])}{2}$$

がきれいに成り立つではありませんか。さらに興味深いことは、それらの硫酸塩の100グラム水への溶解度を見てみると、《0.24・0.0114・0.0002448グラム》と当量の順番に対応して減少します。このように化学的性質も原子量の順序に従って差異があることがわかります。

他にも、《リチウム・ナトリウム・カリウム》、《硫黄・セレン・テルル》などの3元素の組み合わせに対して、括弧の真ん中の元素の原子量は、前後2つの元素の原子量の和の半分に近いことを見つけました。特に、《塩素・臭素・ヨウ素》の組み合わせで、新しく発見された臭素の原子量を塩素とヨウ素の原子量から正しく予測し注目されました。

要点BOX

- 足して2で割れば真ん中の原子量
- 分類する気運が生じていた
- 三つ組元素の発見

デーベライナーの三つ組元素

1830年頃までに発見されていた元素と三つ組元素

1	2	3	4	5	6	7	8	9	10	11	12	13	14	15	16	17	18
1 H																	
3 Li	4 Be											5 B	6 C	7 N	8 O		
11 Na	12 Mg											13 Al		15 P	16 S	17 Cl	
19 K	20 Ca		22 Ti	23 V	24 Cr	25 Mn	26 Fe	27 Co	28 Ni	29 Cu	30 Zn			33 As	34 Se	35 Br	
	38 Sr	39 Y	40 Zr		42 Mo		44 Ru	45 Rh	46 Pd	47 Ag	48 Cd		50 Sn	51 Sb	52 Te	53 I	
	56 Ba			73 Ta	74 W		76 Os	77 Ir	78 Pt	79 Au	80 Hg		82 Pb	83 Bi			

ランタノイド (58〜71)	58 Ce		
アクチノイド (89〜103)	90 Th		92 U

ヨハン・
デーベライナー
（1780年〜1849年）

原子量の関係

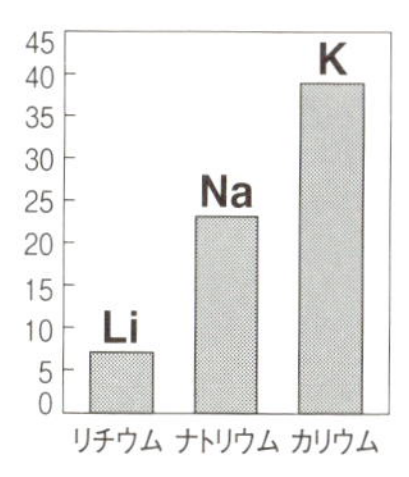

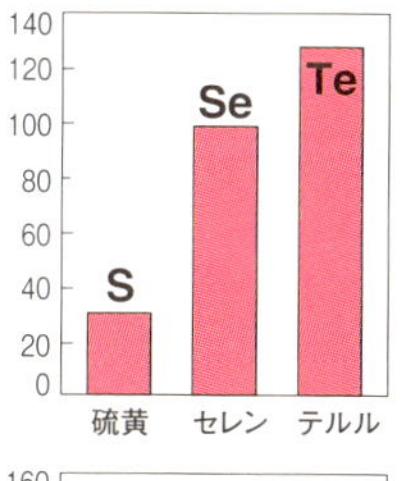

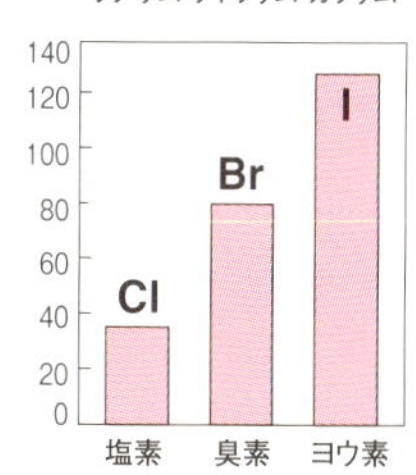

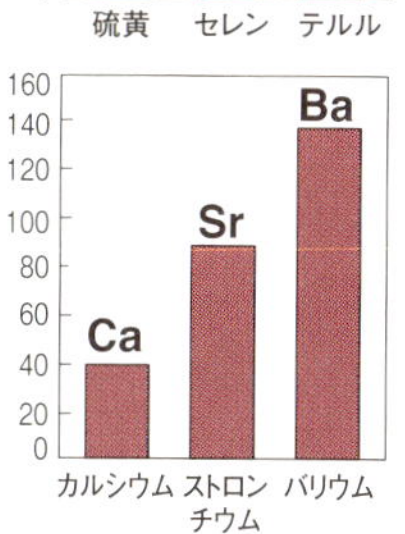

沸点（℃）

カルシウム　ストロンチウム　バリウム　リチウム　ナトリウム　テルル　硫黄　セレン　カリウム　塩素　臭素　ヨウ素

融点（℃）

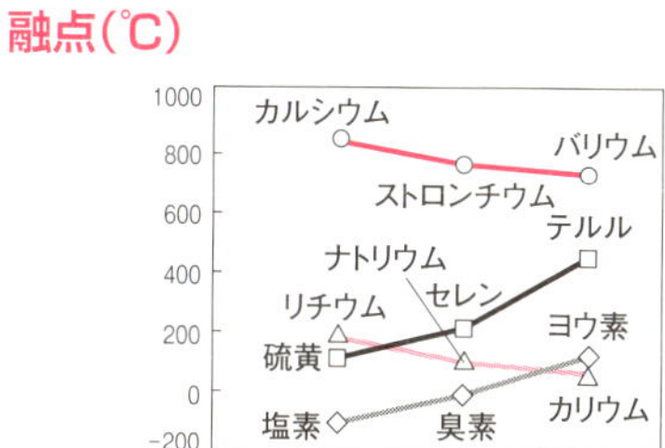
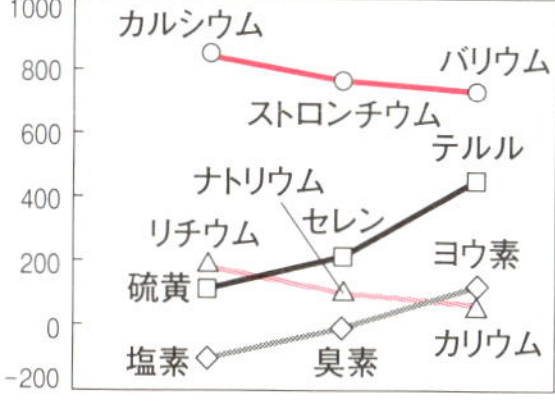

沸点と融点も
だいたい
傾向があるね

27 はじめての周期性の発見〜地の螺旋

地質学者ならではの発想

フランスの地質学者ベギエ・ド・シャンクルトア(1820〜1886)は、元素の周期性に気づきました。1周を16分割した円筒に、原子量の順に元素を並べると、性質の似た元素がくり返し現れます。たとえば、酸素O、硫黄S、セレンSe、テルルTeが同じ線上に並び、マグネシウムMg、カルシウムCa、ストロンチウムSr、バリウムBaが円筒の反対側の線上に並びます。つまり、原子量16ごとに似た性質が周期的に現れるということで、はじめて周期性を発見したといってよいでしょう。ただし、彼は、すべての原子は水素原子の集合であると考え、当時求められていた各元素の原子量を四捨五入した整数を用いています。

なぜ16分割したのでしょうか。それは彼が地質学者だったことと関係しています。マグマが冷えて固まった岩石である火成岩は、化学的に均一な鉱物が混ざったもので、組織構造と鉱物の組み合わせで分類されます。火成岩は長石と輝石という鉱物を含みますが、その長石がナトリウムNa、カリウムK、カルシウムCaを、輝石はNaとCaに加えてマンガンMn、マグネシウムMg、鉄Feが成分です。それらの原子量をみてみると、Na(23)—K(39)—Mn(55)でそれぞれの差は16、Mg(24)—Ca(40)—Fe(56)でやはりそれぞれの差は16です。そのあたりから16を選んだのでしょう。

「地の螺旋(vis tellurique)」というのも、魅力的な命名ですが、それは比較的連続した元素の並びの最後にテルルが来るためです。テルルはもともと地球を意味するラテン語tellusからつけられた元素名です。シャンクルトワは岩石を分類するという目的から始めたので、地質学をイメージさせる名称をつけたのです。

今の周期表からみると、16ごとに周期性を示すのは、第2周期のリチウムから第4周期のカルシウムまでで、ここまでは原子番号が8ごとに同じ族になります。原子番号が8増えると、原子量はほぼその倍(陽子と中性子が1つずつ増える)で増えていくためです。

要点BOX

- ●元素の周期性に気づく
- ●当時はほとんど理解されなかった
- ●「地の螺旋」という魅力的な命名

シャンクルトワの地の螺旋

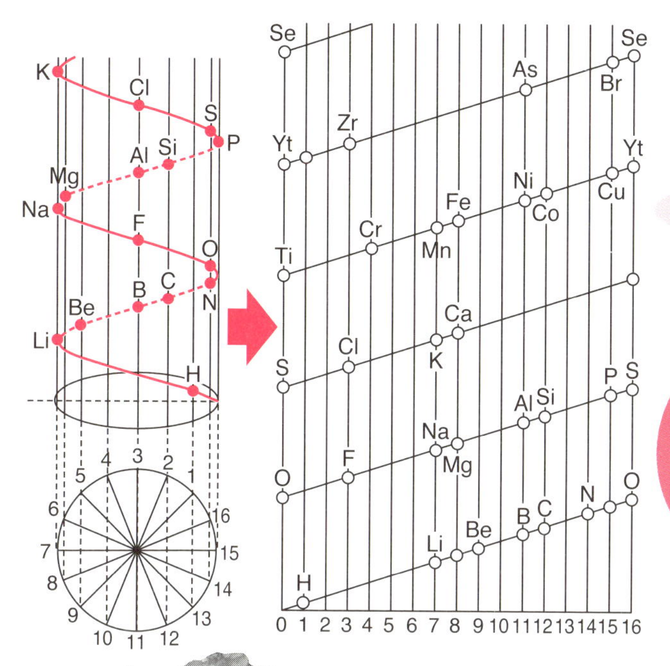

ベギエ・ド・
シャンクルトワ
（1820年〜1886年）

原子量に
注目して、1周を
16分割して
並べたんだね。
はじめて周期性を
見つけたんだね

長石

ナトリウム Na
カリウム K
カルシウム Ca

輝石

ナトリウム Na
カルシウム Ca
マンガン Mn
マグネシウム Mg
鉄 Fe

原子量の差

Na(23)－ K(39) －Mn(55)
↑ ↑
16 16
↓ ↓
Mg(24)－Ca(40) －Fe(56)

地質学者の
発想だね

28 みんなが周期表を考えていた

ニューランズ・オドリング・マイヤー〜体系型

1860年代は、元素の周期性を見出す試みが、ヨーロッパ各地で、お互い知らずに行われていました。イギリスのニューランズとオドリング、ドイツのマイヤーがよく知られています。

ジョン・ニューランズ（1838〜1898）は、元素を原子量の順番に番号をつけると、よく似た性質のものが8番目ごとに繰り返して出てくることに気づきました。当時はまだ今の周期表の一番右にある貴ガスが発見されていなかったのです。西洋音楽では、ドレミファソラシドの8つの音階で、1オクターブごとに同じ音が現れます。そこで、1865年に、これを「オクターブの法則」と呼んで発表しました。元素の番号、すなわち原子番号となり、周期性の発見でした。

しかし、原子量の大きな元素では、オクターブの法則は成り立たず、当時のイギリスの王立化学会にはまったく認められませんでした。

同じくイギリスのウィリアム・オドリング（1829〜1921）は、カールスルーエ会議でのカニッツアロの講演を聴き、原子量の順に元素を並べて、1864年に元素分類系を発表しました。

ドイツのロータル・マイヤー（1830〜1895）は、1864年に、元素29種類を、原子価をもとに6つのグループに分類し、同じグループ間の元素の原子量の差に注目しました。1868年には、53種類の元素を、15種類のグループにまとめた元素表をまとめ、それを理論化学の教科書に載せようとしました。ところが、出版社がその表を印刷し忘れたため発表されませんでした。もし表が印刷されていたら、周期表の発見者はマイヤーになっていたかもしれません。

またマイヤーは、1870年に、元素単体の1グラム原子（原子量にグラムをつけた質量をもつ単体）が、固体で占める体積を立法センチメートルで表し（原子体積）、原子量に対してプロットしています。アルカリ金属が頂上となる周期性を示すことがわかります。

要点BOX

- ●オクターブの法則〜ニューランズ
- ●元素分類系を発表〜オドリング
- ●幻の周期表の発見者〜マイヤー

ジョン・ニューランズ
(1838年〜1898年)

オクターブの法則

元素に番号をつけた

	No.		No.		No.		No.		No.		No.		No.		No.
H	1	F	8	Cl	15	Co&Ni	22	Br	29	Pd	36	I	42	Pt&Ir	50
Li	2	Na	9	K	16	Cu	23	Rb	30	Ag	37	Cs	44	Tl	53
G	3	Mg	10	Ca	17	Zn	24	Sr	31	Cd	38	Ba&V	45	Pb	54
Bo	4	Al	11	Cr	18	Y	25	Ce&La	33	U	40	Ta	46	Th	56
C	5	Si	12	Ti	19	In	26	Zr	32	Sn	39	W	47	Hg	52
N	6	P	13	Mn	20	As	27	Di&Mo	34	Sb	41	Nb	48	Bi	55
O	7	S	14	Fe	21	Se	28	Ro&Ru	35	Te	43	Au	49	Os	51

まだ、
貴ガスが
見つかってない
から7個で
1組だね

マイヤーの周期表 −1868年当時の最先端

1	2	3	4	5	6	7	8
Cr=52.6	Mn=55.1 49.2 Ru=104.3 92.8=2.46.4 Pt=197.1	Al=27.3 $\frac{29.7}{2}$=14.8 Fe=56.0 48.9 Rh=103.4 92.8=2.46.4 Ir=197.1	Al.=27.3 Co=58.7 47.8 Pd=106.0 93=2.465 Os=199	Ni=58.7	Cu=63.5 44.4 Ag=107.9 88.8=2.44.4 Au=196.7	Zn=65.0 46.9 Cd=111.9 88.3=2.44.5 Hg=200.2	C=12.00 16.5 Si=28.5 $\frac{8\ 9\ 1}{2}$=44.5 $\frac{89.1}{2}$=44.5 Sn=117.6 89.4=2.41.7 Pb=207.0

9	10	11	12	13	14	15
N=14.4 16.96 P=31.0 44.0 As=75.0 45.6 Sb=120.6 87.4=2.43.7 Bi=208.0	O=16.00 16.07 S=32.07 46.7 Se=78.8 49.5 Te=128.3	F=19.0 16.46 Cl=35.46 44.5 Br=79.9 46.8 I=126.8	Li=7.03 16.02 Na=23.05 16.08 K=39.13 46.3 Rb=85.4 47.6 Cs=133.0 71=2.35.5 Te=204.0	Be=9.3 14.7 Mg=24.0 16.0 Ca=40.0 47.6 Sr=87.6 49.5 Ba=137.1	Ti=48 42.0 Zr=90.0 47.6 Ta=137.6	Mo.=92.0 45.0 Vd=137.0 47.0 W=184.0

ユリウス・ロータル・
マイヤー
(1830年〜1895年)

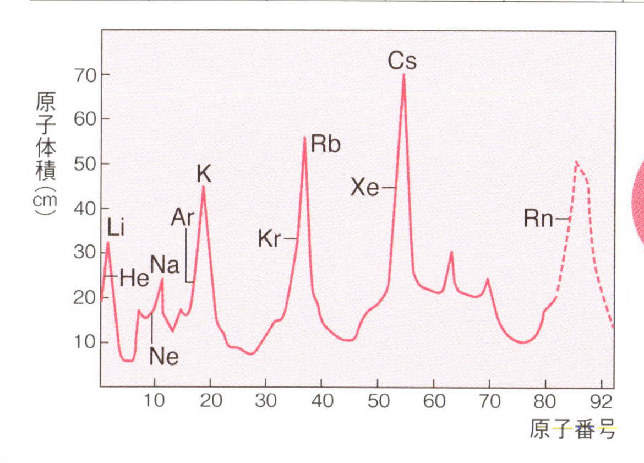

29 メンデレーエフの周期表

最初の周期表は縦と横が違っていた

周期表といえば、ロシアのドミトリ・メンデレーエフ(1834〜1907)でしょう。しかし彼は、はじめから、今のような周期表を提案したわけではありません。1869年に発表した最初の周期表は、そもそも縦と横から違っています。

メンデレーエフは、化学的性質と原子量に着目します。原子量は、温度や圧力に依存しないので、元素の固有の性質と考えました。

まず、アルカリ金属(Li、Na、K、Rb、Cs)を原子量の順に横に並べます。次にハロゲン(F、Cl、Br、I)を並べて、2つをくらべてみました。すると、FをNaの上におけば、上下の原子量の差は4〜6くらいでほぼ同じになるではありませんか。さらにアルカリ土類金属(Ca、Sr、Ba)はKの下に並べれば、上下の原子量の差は1〜3くらいで、やはり差は同じ程度になりました。アルカリ金属、ハロゲン、アルカリ土類金属は、それぞれ原子価が1、1、2となります。そこで、原子価が同じ元素を原子量の順に並べて、それを上下の原子量が連続になるように表を組み立てていきました。そして、最初の表が得られたのです。

メンデレーエフは、原子量の順番にとらわれすぎることなく、化学的性質も考慮して、順番を入れ替えたり、飛躍のあるところは空欄にして、まだ見つかっていない元素があるとしています。

見つかっていない元素の予想される原子量は、45、68、70でした。それぞれ、「次の」を意味する「エカ」をつけて、エカホウ素、エカアルミニウム、エカケイ素と呼んで、物理的性質も予想していました。

そして、その予想通りに、1874年にエカアルミニウムとしてガリウム(原子量69・1)が、1879年にエカホウ素としてスカンジウム(原子量45)、1885年にエカケイ素としてゲルマニウム(原子量72)が発見されました。1871年に予測されたゲルマニウムの性質は、実際の性質と見事に一致しました。

要点BOX

- ●メンデレーエフの周期表
- ●当初の周期表は縦と横が今と違う
- ●原子量の順番にとらわれなかった

メンデレーエフはこう並べてみた

化学的性質の似ている元素を横一列に原子量の順番に並べる

					原子価
	F フッ素 19	Cl フッ素 35.6	Br 臭素 80	I ヨウ素 127	1
	原子量の差はおよそ4				
Li リチウム 7	Na ナトリウム 23	K カリウム 39	Rb ルビジウム 85.4	Cs セシウム 133	1
		原子量の差はおよそ1～4			
		Ca カルシウム 40	Sr ストロンチウム 87.6	Ba バリウム 137	2

ドミトリ・
メンデレーエフ
(1834年〜1907年)

カードにして
並べていて
ひらめいた
んだね

			Ti=50	Zr=90	?=180.
			V=51	Nb=94	Ta=182.
			Cr=52	MO=96	W=186.
			MN=55	Rh=104,$_4$	Pt=197,$_1$
			Fe=56	Rn=104,$_4$	Ir=198.
			Ni=Co=59	Pl=106,$_8$	o,=199.
H=1			Cu=63,$_4$	Ag=108	Hg=200.
	Be=9_1	MG=2_4	Zn=65,$_2$	Cd=112	
	B=11	Al=27,$_1$	?=68	Ur=116	An=197?
	C=12	Si=28	?=70	Sn=118	
	N=14	P=31	As=75	Sb=122	Bl=210?
	O 16	S=32	Se=79,$_4$	Te=128?	
	F=19	Cl=35,$_6$	Br=80	I=127	
Li=7	Na=23	K=39	Rb=85,$_4$	Cs=133	Tl=204.
		Ca=40	Sr=87,$_6$	Ba=137	Pb=207.
		?=45	Ce=82		
		?Er=56	La=94		
		?Yl=60	Di=95		
		?In=75,$_6$	Th=118?		

30 典型元素？ 遷移元素？

メンデレーエフが名付けた

29項のようにメンデレーエフは、周期表に修正を加え、1871年に、原子価の同じ元素を縦に並べた表を発表しました。原子価は左から1−2−3−4−3−2−1となっており、現在の周期表と同じ考え方です。左からⅠ、Ⅱ…Ⅷと、族の番号を付けています。

ただ、当時はまだ、ネオンやアルゴンなどの貴ガスは発見されていなかったので含まれていません。また、分類できなかった金属類はⅧ族として右端にまとめられています。Ⅷ族の元素は、性質の異なる、Ⅶ族と左端のⅠ族をつなぐ元素ということで「遷移元素」と名付けられました。「遷移」とはここからきています。

それに対して，リチウム、ベリリウム、ホウ素、炭素、窒素、酸素、フッ素の7元素を、各族の代表的元素という意味で「典型」元素と呼びました。今では、周期性を示す元素という意味に変わり、遷移元素でないものを典型元素と呼んでいます。

1860年代には、①分類するのに十分な数の元素の発見（60種以上）、②各元素の原子量の確定、③原子価など分類のための物理的・化学的性質が蓄積されており、周期律が見出される土台は整っていました。その中で、メンデレーエフが周期表にたどりつけたのは、独自の元素観にあると言われます。

ある元素に注目すると、単体のときと、別の元素と反応した化合物とでは、まったく異なる性質を示します。たとえば、食塩（塩化ナトリウム）は、身近にある化合物ですが、その構成要素のナトリウムと塩素は、それぞれ単体ではきわめて反応性の激しい金属と気体です。普通は、食塩を見てそれを構成する単体の金属ナトリウムや塩素ガスなど、想像もつかないでしょう。しかし、ナトリウムはナトリウムであり、塩素は塩素です。いろいろな形態を変えても、変わらない普遍的な抽象的な性質、それをメンデレーエフは、元素と考えたのです。そして、その元素を特徴づける数値が原子量であると考えたのです。

要点BOX

- ●周期性をもつのが典型元素
- ●典型元素をつなぐのが遷移元素
- ●元素を特徴づける数値が原子量

エカケイ素の予測値とゲルマニウムの測定値

性質	エカケイ素（予測1871年、発見1886年）	ゲルマニウム
原子量	72	72.63
比重	5.5	5.47
比熱	0.073	0.076
原子体積	13cm^3	13.22cm^3
色	暗灰色	灰白色
二酸化物の比重	4.7	4.703
四塩化物の沸点	100℃	86℃
四塩化物の比重	1.9	1.887
四エチル化物の沸点	160℃	160℃

典型元素と遷移元素を命名

メンデレーエフの1871年の周期表

Reihen	Gruppe I — R^2O	Gruppe II — RO	Gruppe III — R^2O^3	Gruppe IV RH^4 RO^2	Gruppe V RH^3 R^2O^5	Gruppe VI RH^2 RO^3	Gruppe VII RH R^2O^7	Gruppe VIII — RO^4
1	H=1							
2	Li=7	Be=9.4	B=11	C=12	N=14	O=16	F=19	
3	Na=23	Mg=24	Al=27.3	Si=28	P=31	S=32	Cl=35.5	
4	K=39	Ca=40	– =44	Ti=48	V=51	Cr=52	Mn=55	Fe=56, Co=59
5	(Cu=63)	Zn=65	– =68	– =72	As=75	Se=78	Br=80	Ni=59, Cu=63
6	Rb=85	Sr=87	?Yt=88	Zr=90	Nb=94	Mo=96	– =100	Ru=104, Rh=104
7	(Ag=108)	Cd=112	In=113	Sn=118	Sb=122	Te=125	J=127	Pd=106, Ag=108
8	Cs=133	Ba=137	?Di=138	?Ce=140	–	–	–	–
9	(–)	–	–	–	–	–	–	–
10	–	–	?Er=178	?La=180	Ta=182	W=184	–	Os=195, Ir=197
11	(Au=108)	Hg=200	Ti=204	Pb=207	Bi=208	–	–	Pt=198, Au=199
12	–	–	–	Th=231	–	=240	–	–
原子価	1	2	3	4	3	2	1	典型元素をつなぐ元素 ↓ 遷移元素

Gruppe I〜VII：典型元素

31 光で元素を分析

新しい分析法〜発光分析の威力

夏の夜空を彩る花火。赤、青、黄色、緑のあの鮮やかな色は、炎色反応を利用しています。炎色反応とは、主にアルカリ金属やアルカリ土類金属を含んだ化合物を燃焼させると、特定の色を出すことをいいます。一般的に、赤色はストロンチウム化合物やカルシウム化合物、黄色はナトリウム化合物、緑色はバリウム化合物、青色は銅化合物が使われます。

元素によって発する色が違うので、その色を使って元素が分析できます。これを「分光分析」といいますが、ドイツのロベルト・ブンゼン（1811〜1899）とグスタフ・キルヒホッフ（1824〜1887）によって、1859年ころから始められました。ブンゼンは、ガスを完全燃焼させて、2000℃近い高温で、無色の炎を作りだせる「ブンゼンバーナー」を発明しました。今は実験室で加熱のために使われていますが、もともとは発光を観察しやすい無色の炎をつくるためでした。ブンゼンは自分の発明したバーナーで、鉱水中の塩の分析を行いました。ところが、2種類以上の元素が混ざると、色も混ざり、分けるのに苦労していました。キルヒホッフはプリズムを使って成分光線に分ける（分光）ことをブンゼンに提案し、分光器を使って、成分元素を見分ける分光分析が始まりました。

ブンゼンとキルヒホッフは、分光分析を用いて、セシウムとルビジウムを発見しました。その後、タリウム（1861年）とインジウム（1863年）も分光分析によって見出されました。

分光分析は、試料が少量でも測定できます。そのため今日、貴ガスと呼ばれているヘリウム・ネオン・アルゴン・クリプトン・キセノンの発見にも役立ちました。これらの元素は、化学的に不活性で反応性に乏しく、単原子分子であることもわかりました。つまり、その原子価は0です。そこで、原子価1のアルカリ金属とハロゲンの間に入れることになり、周期表の右端に置かれるようになりました

要点BOX
- ●無色の炎を出すブンゼンバーナーを発明
- ●元素によって発する色が違う
- ●貴ガスの確認も分光分析で行った

分光測定は元素の同定に威力を発揮した

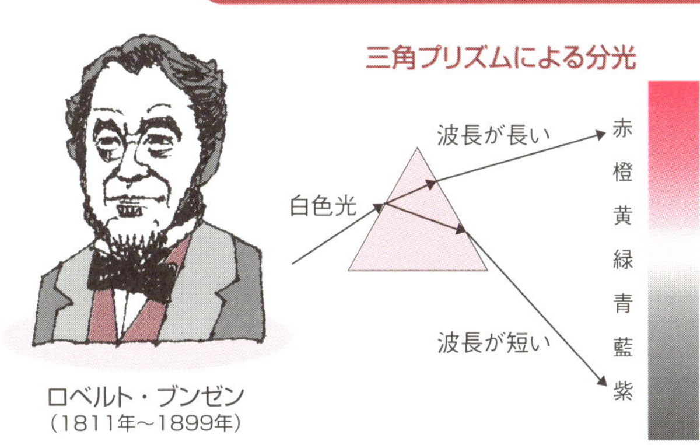

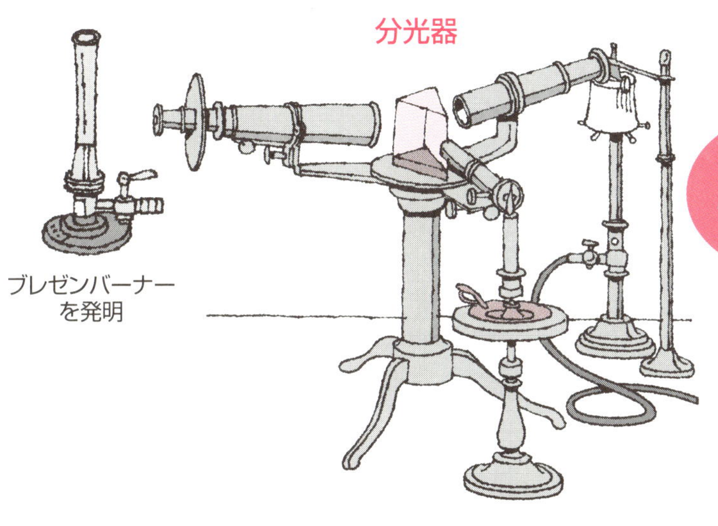

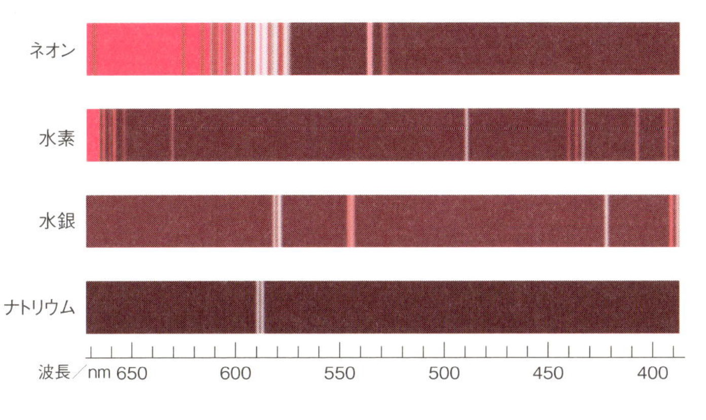

32 エックス線の発見

X線によって原子の構造が次第に解き明かされていく

このように周期表は改良され、その有用性はゆるぎないものとなっていきました。しかし、大きな疑問も残されていました。元素は原子量の順番に並べられていましたが、その増える量は一定ではありません。さらに、当時の周期表においても、すべての元素が原子量の順番に並んではいませんでした。現在の周期表を見ても、原子量の逆転がみられます。$_{18}$Ar（原子量39.95）と$_{19}$K（39.10）、$_{27}$Co（58.93）と28Ni58.69、$_{52}$Te（127.60）と$_{53}$I（126.90）です。また、2つ元素の間に新しい原子量をもつ元素が現れないと言い切れるでしょうか。

実は、元素を表す指標は原子量ではなく、原子核の陽子数、すなわち原子番号でした。それを突き止めたのはイギリスのヘンリー・モーズリー（1887〜1915）でした。モーズリーの発見には、エックス線（X線）技術の発展が必要でした。

X線は、1895年にドイツのヴィルヘルム・レントゲン（1845〜1923）が発見しました。彼は、内部を真空にしたガラス管（クルックス管）を用いて、陰極線（電子線）の研究をしていました。そのとき電子がガラスにあたって発生したX線を、偶然、発見したのです。つまり、レントゲンは、加速された電子線が物質に当たるとX線が発生することを見つけたのです。

X線は、私たちが見える可視光の1000倍からそれ以上の高いエネルギーをもつ電磁波です。電磁波はエネルギーをもっていますが、それは波長と関係しています。波長が短い電磁波の方が高いエネルギーをもっています。高いエネルギーをもつX線は、可視光よりも短い波長になります。

ひとことでX線といっても、およそ0.001〜10nm（ナノメートル）、ナノは10^{-9}を表すので、1nmは1mmの100万分の1の範囲の広い波長をもちます。私たちに身近な、医療診断に使用される場合の波長は、0.002〜0.008nmです。

●新しい原子量をもつ元素がない保証はない
●レントゲンは電子がガラスに当たって発生したX線を偶然に発見

周期表は原子量の順ではない?

^{19}Ar	^{20}K	^{27}Co	^{28}Ni	^{52}Te	^{53}Ni
アルゴン	カリウム	コバルト	ニッケル	テルル	ヨウ素
39.95	39.10	58.93	58.69	127.60	126.90

原子番号	$18 < 19$	$27 < 28$	$52 < 53$
原子量	$39.95 > 39.10$	$58.93 > 58.69$	$127.60 > 126.90$

X線の発見

ヴィルヘルム・コンラート・レントゲン
(1845年～1923年)

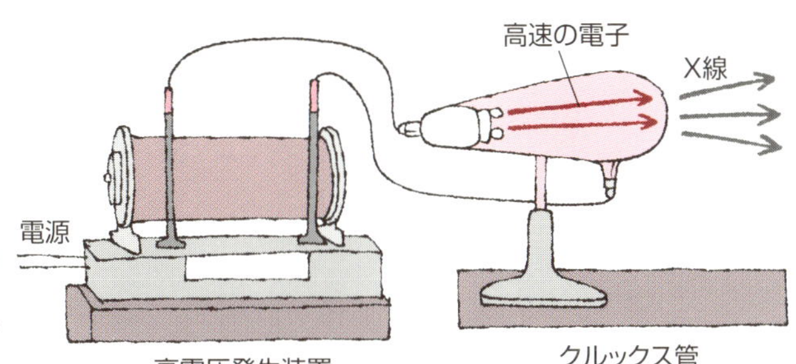

高電圧発生装置

クルックス管

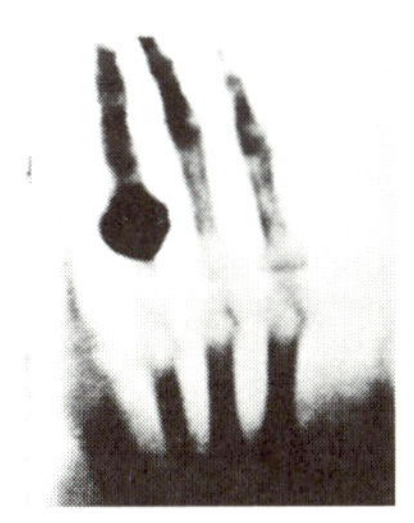

レントゲン夫人ベルタの手のX線写真

電磁波の特性とエネルギー

高　エネルギー　低

ガンマ線
紫外線
赤外線
X線
可視光
マイクロ波

10^{-15}　10^{-10}　波数 [m]　10^{-5}　10^{0}

加熱すると可視光、加速した電子だとX線

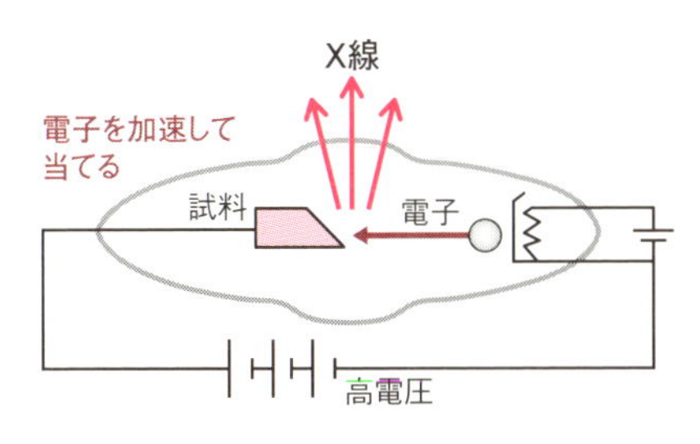

物質は、燃やすと可視光が出て、電子を加速して当てるとX線が出る。このような事実の積み重ねによって、原子の構造が次第に解き明かされていった。

33 原子量から原子番号へ

原子番号は整数しかとらない

今では、物質に加速した電子を当てると、連続X線と特性X線が発生することがわかっています。そのうち、特性X線は元素に固有の波長を示すのです。

ヘンリー・モーズリー(1877~1915)は、1913年に、まず周期表で並んでいるカルシウム、チタン、バナジウム、クロム、マンガン、鉄、コバルト、ニッケル、銅、亜鉛(ただし銅との合金の真鍮)などの元素に電子線を当てて、特性X線を調べました。彼は、X線のエネルギーに対応する、X線の波長を、写真に写し取りました。見事な傾向が得られました。スカンジウムは入手できず測定していませんが、カルシウムから亜鉛(真鍮)まで、順序良く波長が短くなっていることがわかります。$_{27}Co$(58.93)と$_{28}Ni$(58.69)は原子量では、周期表の前に並んでいるコバルトの方が大きいですが、特性X線では周期表の順に並んでいることが示されました。

ちょうど1911年ころ、原子核を発見したアーネスト・ラザフォードが、原子核の電荷数(陽子数)は、原子量のほぼ半分になることを発見していました。

モーズリーはさらに研究を進めて、1914年に30種類以上の元素の特性X線を調べ、特性X線の振動数の平方根を横軸にとり、縦軸に元素の原子核の電荷数をとると、きれいな直線関係が得られることを示しました。原子核の電荷数は、陽子の数できまるので、整数しかとらないのです。モーズリーはこれを原子番号と呼びました。

いろいろな形態を変えても、変わらない普遍的な抽象的な性質が元素でした。元素の化学的性質は、原子量が決めるのではなく、原子核の陽子数、すなわち原子番号が決めることがわかったのです。電気的に中性な原子では、陽子数と電子数は等しいので、原子番号は中性原子の電子数でもあります。そして、化学変化の主役はこの電子であることがわかっていきます。

要点BOX
- ●特性X線を調べたモーズリー
- ●原子番号は原子の陽子数
- ●原子量ではなく陽子数=原子番号

元素は固有の波長のX線を出す

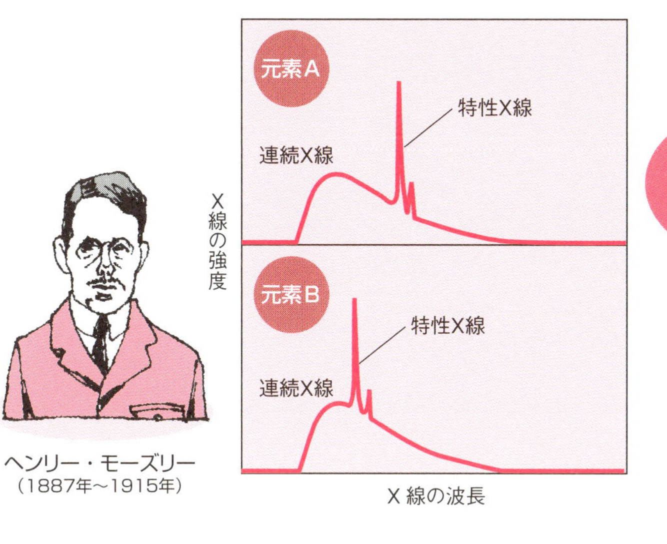

周期表は特性X線の波長の順番に並んでいた

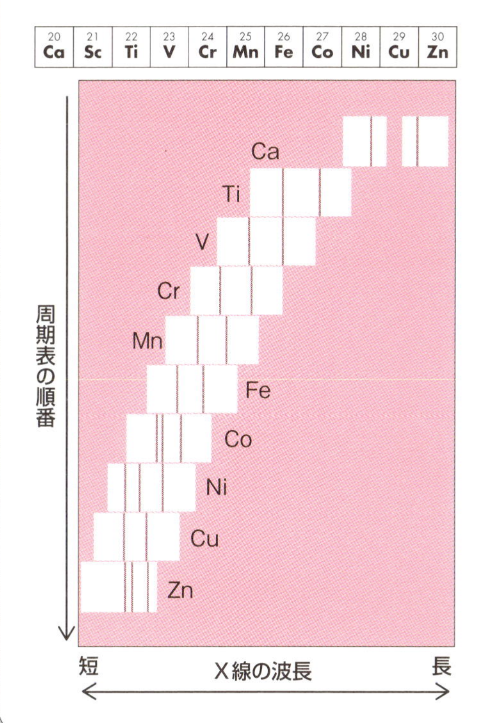

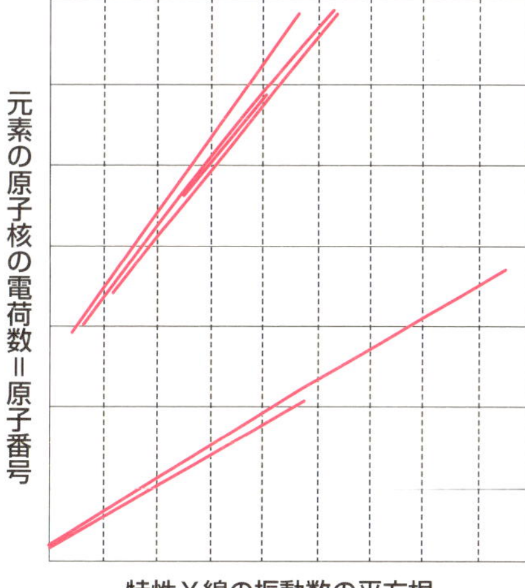

原子量は整数ではないので、常に未発見の元素の可能性が残されていた。しかし原子番号になると、整数しかとらないので、その心配はない。
メンデレーエフの周期表は、原子価と原子量を指標としていた。今や、元素を分ける指標は原子量ではなく、原子番号が正しいことが示された。

34 原子核反応を人工的に起こす

レントゲンによるX線の発見を受けて、フランスのアンリ・ポアンカレ（1854〜1912）は、蛍光物質はX線も放出していると予言しました。蛍光物質とは、ある波長の光を吸収し、別の波長の光を放出する物質です。洗剤に入っていて、紫外線を吸収して青色の光を出し、洗濯物の黄ばみを見えにくくしています。

フランスのアントワーヌ・ベクレル（1852〜1908）は、1896年に、天然の蛍光物質であるウラン化合物の硫酸カリウムウラニルも、太陽光があたればX線を出すと考え、それを確かめていました。しかしあいにく曇りの日が続いたため、硫酸カリウムウラニルを紙に包んで、X線を検出する写真乾板と一緒に、引き出しに入れておいたのです。すると、太陽光を当ててもいないのに、硫酸カリウムウラニルが置いてあった所の写真乾板が感光しているのを発見しました。これはのちの1898年に、キュリー夫妻が発見する「放射能」だったのです。

1899年にイギリスのラザフォードは、2種類の放射線を見つけました。物質を透過する能力の弱いα（アルファ）線とそれよりも強いβ（ベータ）線です。1906年にα線はヘリウムの原子核であることが、のちにβ線は原子核から放出される電子（中性子が陽子に変化する際に放出）であることが明らかとなりました。

原子がα線とβ線を出す過程を、それぞれα壊変とβ壊変と呼びます。

1900年にラザフォードとソディは、トリウム（原子番号90）原子が、ラドン（原子番号86）を出すことを見出しました。そして、これはトリウムがα壊変とβ壊変を起こした結果だと考えました。原子核がα壊変とβ壊変を起こすということは、原子核内の陽子数が変化するということなので、元素変換が起こるということです！ラザフォードは、1919年に窒素$^{14}_{7}N$にα線を衝突させ、酸素$^{17}_{8}O$を作りました。最初の人工元素変換、すなわち原子核反応です。

要点BOX

- 物質を透過する能力の弱いα（アルファ）線とそれよりも強いβ（ベータ）線の発見
- 人工元素変換できる

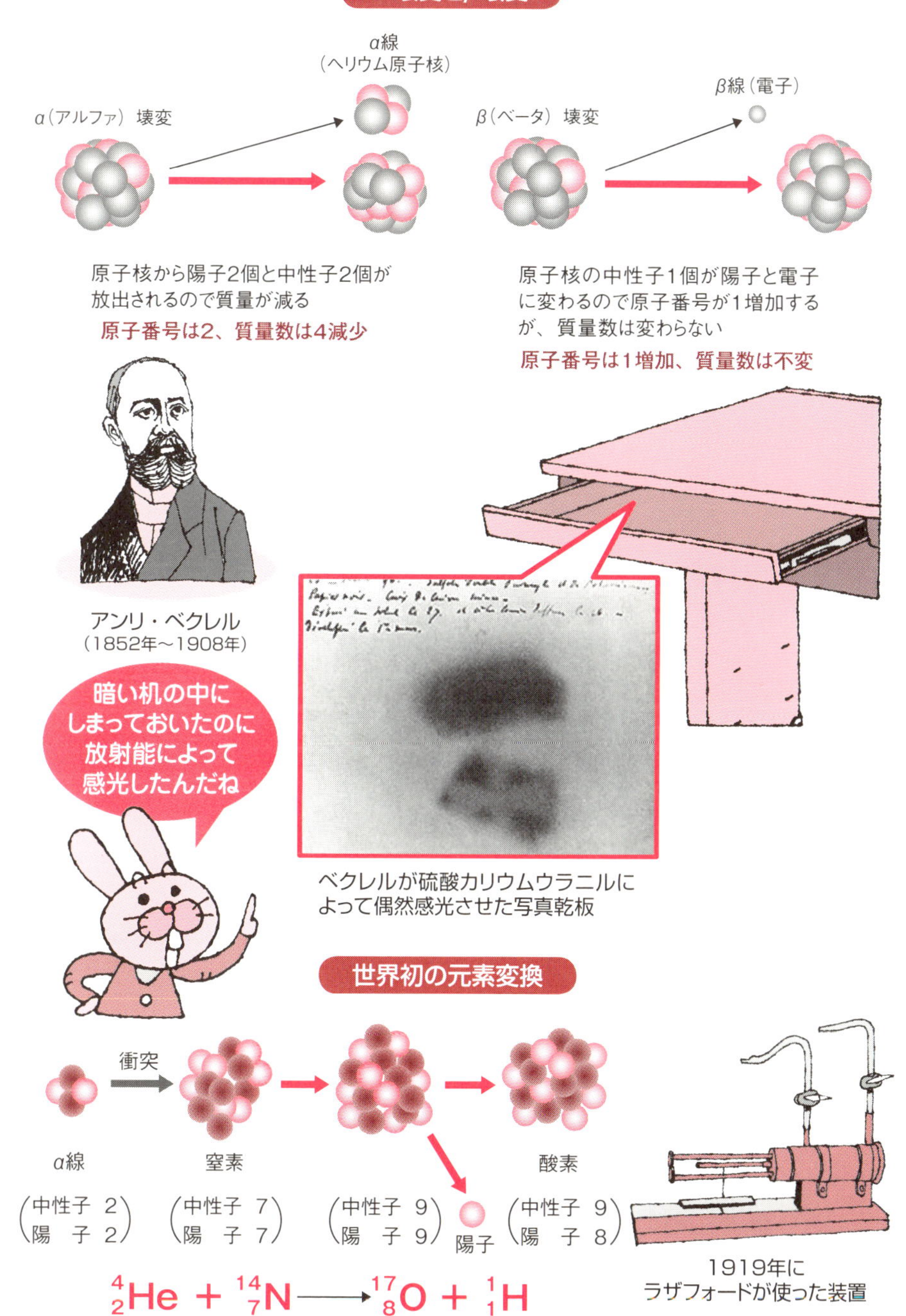

ベクレルが硫酸カリウムウラニルに
よって偶然感光させた写真乾板

1919年に
ラザフォードが使った装置

35 同位体の謎を解き明かせ

周期表のすべての謎が解けた

原子核の研究が盛んであった1910年頃、さまざまな質量数をもつ放射性元素の原子核が発見されましたが、新しい元素なのかどうかわからず、混乱していました。多くの研究者が化学的な分離を試みますが、うまくいきません。

1913年にフレデリック・ソディ（1877〜1956）は、同じ元素だから分離できないのだと見抜きました。そこで、化学的性質は同じですが、質量数の異なる原子を「同位体」と名付けました。同位体isotopeは、ギリシャ語のisos〈同じ〉とtopos〈場所〉からとられ原子量（質量数）は違っても、周期表上で同じ位置にある原子をいいます。

1919年にはジョン・トムソン（1856〜1940）が、放射性元素ではないネオンにも同位体があることを発見しました。これは同位体が、放射性元素に限らず、一般的に存在することを示していました。

ラザフォードの弟子であるジェームズ・チャドウィックは、1932年に、α線を比較的軽い原子核にぶつけた場合、電荷を持たず、陽子とほぼ同じ質量をもつ非常に透過力の強い粒子が飛び出してくることを発見しました。この粒子は、電荷を帯びていないことから「中性子」と名付けられました。これにより、原子核が、陽子と中性子から出来ていることがわかりました。

そのことから、同位体とは陽子数は同じで、中性子数の異なる原子であることが明らかとなりました。ここに、原子核のすべてが明らかとなりました。原子核は、プラスの電荷をもった陽子と、電気的に中性で陽子とほぼ同じ質量をもつ中性子から構成されています。

原子核の質量は、陽子数と中性子数の和にほぼ比例するので、それを質量数と呼びます。そして陽子の数が原子番号になります。さらに、中性原子では、陽子と同じ数の電子をもちます。

要点BOX
- ●同位体は化学的な分離が困難
- ●ネオンにも同位体があることを発見
- ●同位体は陽子数は同じで中性子数の異なる原子

歴史的に発見された放射性元素と正しい元素名

元素名	記号と原子番号	歴史的名称と質量数				
鉛	Pb（原子番号82）	アクチニウムD（207）	ラジウムD（210）	アクチニウムB（211）	トリウムB（212）	ラジウムA（214）
ポロニウム	Po（原子番号84）	アクチニウムC'（211）	トリウムC'（212）	アクチニウムA（215）	ラジウムA（218）	
ラドン	Rn（原子番号86）	アクチノン（219）	トロン（220）			
ラジウム	Ra（原子番号88）	アクチニウムX（223）	トリウムX（224）	メソトリウム（228）		
アクチニウム	Ac（原子番号89）	メソトリウム2（228）				
トリウム	Th（原子番号90）	ラジオアクチニウム（227）	ラジオトリウム（228）	イオニウム（230）	ウランY（231）	ウランX1（234）
プロトアクチニウム	Pa（原子番号91）	ウランZ（234）				

酸素の同位体

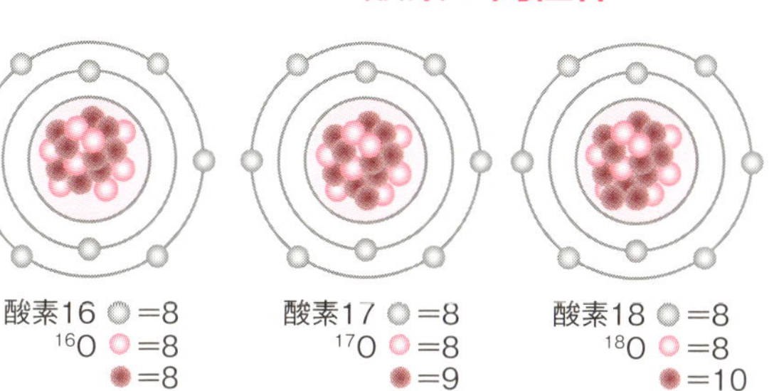

原子核　中性子　陽子　電子

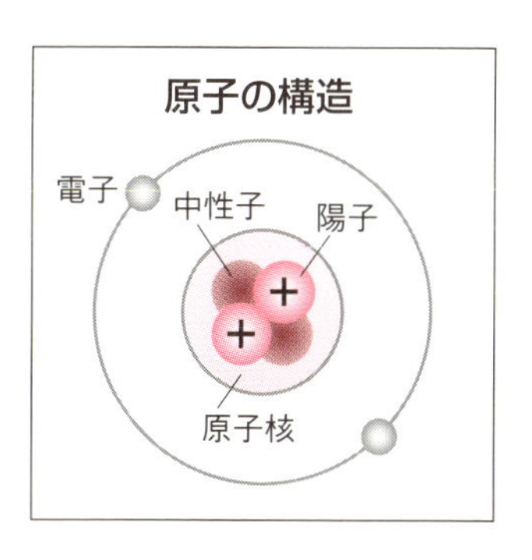

フレデリック・ソディ
（1877年〜1956年）

元素の化学的性質は、中性子数によらず、陽子数で決まる。したがって、周期表は、原子量ではなく、原子番号で並べるのが正しい。このようにして、周期表のすべての謎が解けた。

Column

私たちにとってきわめて重要な「CとSi 14族炭素族」

炭素C、ケイ素Si、ゲルマニウムGe、スズSn、鉛Pbが14族元素です。このうち、特に上の2つの元素が、私たちにとって極めて重要です。

14族元素は、s軌道に2個、p軌道に2個電子をもっています。p軌道を埋めるには6個の電子が必要ですから、あと4個電子をもらえば貴ガス構造になって安定化します。炭素は4個もらうために、巧妙な戦略を立てます。炭素の2s軌道と2p軌道のエネルギー差が小さいので、2s軌道1つと2p軌道3つをエイヤっと合わせて、等価な4つの軌道、sp_3混成軌道といわれる軌道を作ります。このほうが、電子が存在できる空間が広がるためです。sp_3混成軌道のエネルギーは等価で、それぞれに1個ずつ電子が入って、ちょうど半分埋まった状態です。これを炭素は「結合の手」を4本もつと言います。あとは、その軌道を別の元素からの電子と共有すれば、めでたく貴ガス構造になるというわけです。たとえば、sp_3混成軌道で水素原子と電子を共有しあうとCH_4（メタン）になります。あるいは、炭素自身で共有してもかまいません。すべての手を炭素でつないだのがダイヤモンドです。炭素をいくつかつなげて、ずっとつながった巨大分子、高分子を作ることも可能です。炭素を含む化合物を有機化合物といいますが、2000万種以上といわれる有機化合物の多様性は、この炭素の結合の手にあります。

その下のケイ素Siも重要です。もともと地殻の28％を占めるくらい豊富で、簡単にいうと、石の主成分です。古くはガラスなどに使われてきました。近年は半導体として、情報機器あるいは太陽電池の材料として活躍しています。特に注目したいのは、物理化学的性質をうまく活用して、演算ができることです。あらゆるコンピュータはオンかオフの組み合わせだけで作動するデジタル論理回路の集まりです。シリコンはそこに他の元素をほんの微量混在させるだけで、論理回路を組み立てることができます。しかも近年のナノテクノロジーの進展と相まって、どんどん小型化・高性能化していっています。手で持てるスマートフォンで情報検索したり、メールや電話ができたりなんてことは、ほんの数十年前には想像もつかないことでした。

第4章 「元素の地図」は周期表

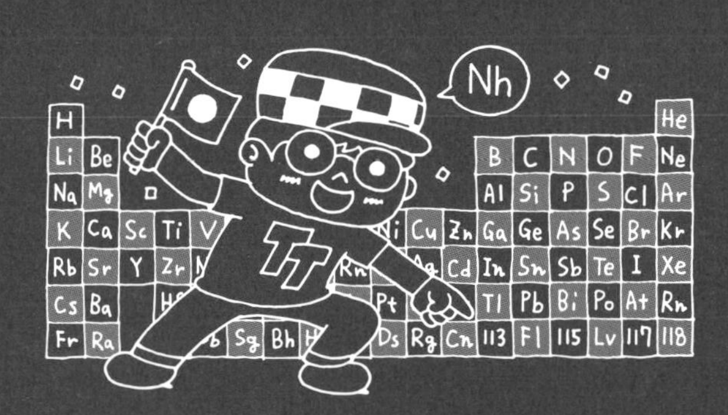

36 長周期型周期表と118個の元素

元素を原子番号の順に周期的に並べたもの

メンデレーエフによって発見された周期表は、その後改良されて、今では長周期型周期表がよく用いられています。長周期型周期表は、知られている118個の元素を原子番号の順に並べたものです。ただし、上の方は間をあけて並んでいます。また、番号を追っていくと56の隣の57番目には元素はなく「57〜71ランタノイド」となっており、その下の88の隣の89番目にも「89〜103アクチノイド」となっていて、そこに入るべき元素は下に並べられています。

長周期型周期表の上に付いている1〜18の番号を「族」といい、縦の列は同じ族に属する元素になります。それに対して、左にある1〜7の番号は「周期」と呼ばれ、一番上は「第1周期」と呼ばれます。

族はその性質から特別な呼び名が付いているものがあります。左から見ていきましょう。左端の1族は、リチウム、ナトリウム、カリウム、ルビジウム、セシウムなどが並び、アルカリ金属と呼ばれます。1族の単体は水と反応して水素を発生し、その水がアルカリ性を示すためこの名前がつけられました。その隣が2族のベリリウム、マグネシウム、カルシウム、ストロンチウム、バリウムなどで、これらはアルカリ土類金属と呼ばれます。

3族から12族までは、第4周期以降に現れますが、遷移元素になります。遷移元素をずっと通り過ぎると、13族からまた典型元素に戻ります。16族は酸素、硫黄、セレン、テルルなどで、これらはカルコゲン（ギリシャ語で「石を作るもの」という意味）と呼ばれます。特に、硫黄、セレン、テルルは鉱石の主成分となっているため、この名前が付いています。その右の17族が、フッ素、塩素、臭素、ヨウ素のハロゲンです。最後の一番右の18族が、ヘリウム、ネオン、アルゴンなどで、貴ガスと呼ばれます。

本章では、いくつかの性質を原子番号の順に並べてみて、そこからわかることを考えていきましょう。

要点BOX
- ●今は長周期型周期表が用いられる
- ●上の1〜18の番号を「族」という
- ●左の1〜7の番号は周期と呼ばれる

現在よく使われている長周期表

アルカリ金属（1族）／アルカリ土類金属（2族）／遷移金属（3〜12族）／カルコゲン（16族）／ハロゲン（17族）／貴ガス（18族）

周期＼族	1	2	3	4	5	6	7	8	9	10	11	12	13	14	15	16	17	18
1	1 H																	2 He
2	3 Li	4 Be											5 B	6 C	7 N	8 O	9 F	10 Ne
3	11 Na	12 Mg											13 Al	14 Si	15 P	16 S	17 Cl	18 Ar
4	19 K	20 Ca	21 Sc	22 Ti	23 V	24 Cr	25 Mn	26 Fe	27 Co	28 Ni	29 Cu	30 Zn	31 Ga	32 Ge	33 As	34 Se	35 Br	36 Kr
5	37 Rb	38 Sr	39 Y	40 Zr	41 Nb	42 Mo	43 Tc	44 Ru	45 Rh	46 Pd	47 Ag	48 Cd	49 In	50 Sn	51 Sb	52 Te	53 I	54 Xe
6	55 Cs	56 Ba	57-71 ランタノイド	72 Hf	73 Ta	74 W	75 Re	76 Os	77 Ir	78 Pt	79 Au	80 Hg	81 Tl	82 Pb	83 Bi	84 Po	85 At	86 Rn
7	87 Fr	88 Ra	89-103 アクチノイド	104 Rf	105 Db	106 Sg	107 Bh	108 Hs	109 Mt	110 Ds	111 Rg	112 Cn	113 Nh	114 Fl	115 Mc	116 Lv	117 Ts	118 Og

ランタノイド（57〜71）	57 La	58 Ce	59 Pr	60 Nd	61 Pm	62 Sm	63 Eu	64 Gd	65 Tb	66 Dy	67 Ho	68 Er	69 Tm	70 Yb	71 Lu
アクチノイド（89〜103）	89 Ac	90 Th	91 Pa	92 U	93 Np	94 Pu	95 Am	96 Cm	97 Bk	98 Cf	99 Es	100 Fm	101 Md	102 No	103 Lr

メンデレーエフの周期表と比べるとかなり変わったね

メンデレーエフの1871年の周期表

当時、H_2OはH^2Oと表記

Reihen	Gruppe I — R^2O	Gruppe II — RO	Gruppe III — R^2O^3	Gruppe IV RH^4 RO^2	Gruppe V RH^3 R^2O^5	Gruppe VI RH^2 RO^3	Gruppe VII RH R^2O^7	Gruppe VIII — RO^4
1	H=1							
2	Li=7	Be=9.4	B=11	C=12	N=14	O=16	F=19	
3	Na=23	Mg=24	Al=27.3	Si=28	P=31	S=32	Cl=35.5	
4	K=39	Ca=40	— =44	Ti=48	V=51	Cr=52	Mn=55	Fe=56, Co=59
5	(Cu=63)	Zn=65	— =68	— =72	As=75	Se=78	Br=80	Ni=59, Cu=63
6	Rb=85	Sr=87	?Yt=88	Zr=90	Nb=94	Mo=96	— =100	Ru=104, Rh=104
7	(Ag=108)	Cd=112	In=113	Sn=118	Sb=122	Te=125	J=127	Pd=106, Ag=108
8	Cs=133	Ba=137	?Di=138	?Ce=140	—	—	—	—
9	(—)	—	—	—	—	—	—	—
10	—	—	?Er=178	?La=180	Ta=182	W=184	—	Os=195, Ir=197
11	(Au=108)	Hg=200	Ti=204	Pb=207	Bi=208	—	—	Pt=198, Au=199
12	—	—	—	Th=231	—	=240	—	—

原子価	1	2	3	4	3	2	1	典型元素をつなぐ元素 ↓ 遷移元素

典型元素（Gruppe I〜VII）

37 原子の大きさを見てみよう

固体の状態で比べてみる

まず原子の大きさを見てみましょう。大きさとは実体なので、原子なのか分子なのか、あるいは金属のような固体なのかで、大きさが異なってきます。そこで、固体の状態で比べることにしましょう。

原子は、原子番号が大きいほど、原子核の陽子の数が多く、同時に周りの電子の数も多くなります。そうであれば、原子番号とともに、大きさも大きくなりそうですね。

同じだけの数の原子を集めた固体で、その体積を比べてみましょう。化学ではよくアボガドロ数、6.02×10^{23}個の原子や分子を考えます。これを物質量1モルといいますが、この1モルの固体が占める体積、モル体積を原子番号に対してプロットしてみましょう。

予想に反して、単調に大きくなるのではなく、凸凹になっています。特に、ところどころ鋭い山になっているところがあります。山のてっぺんの元素は、ヘリウム（He：原子番号2）、ナトリウム（Na：11）、カリウム（K：19）、ルビジウム（Rb：37）、そしてセシウム（Cs：55）です。ヘリウム以外は1族です。同じ周期で比べると、最初の1族が大きく、右にいくに従って小さくなる傾向があります。そして、右端の18族に近づくとまた大きくなっていきます。注意深く見ると、18族から原子番号が1つ増える、すなわち電子が1つ増えて1族になると急に大きくなっています。そして、1族から電子が1つ増えて2族になると、また小さくなり1つ前の18族と同じ程度の大きさになるのです（ArとCa、KrとSr、XeとBa）。

モル体積を周期表に合わせて見てみましょう。両端の元素が大きく、中央辺りの元素が小さいですね。その両端近くも、原子番号1の水素と2のヘリウムを除けば、周期表が下にいくほど、大きくなっていることがわかります。陽子が増えても、原子核の中であり、直接は大きさにはほとんど関係しません。そうすると、電子になにか秘密がありそうです。

要点BOX

- 原子番号が大きいほど原子核の陽子の数が多い
- 陽子が増えても大きさには関係しない
- 1族元素のモル体積が大きい

原子の大きさは何で決まるか

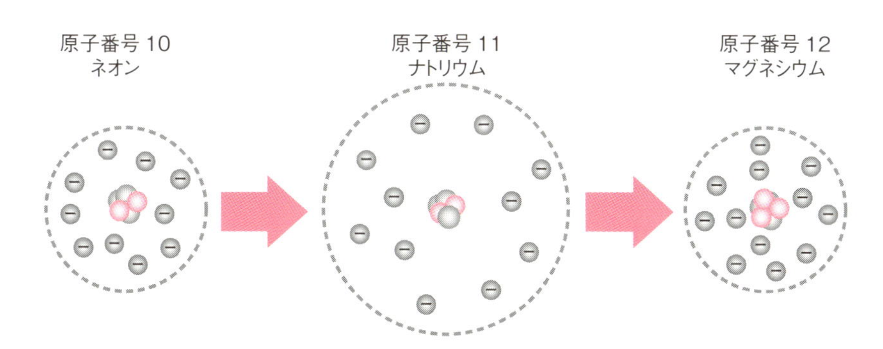

原子番号の順には大きくならない

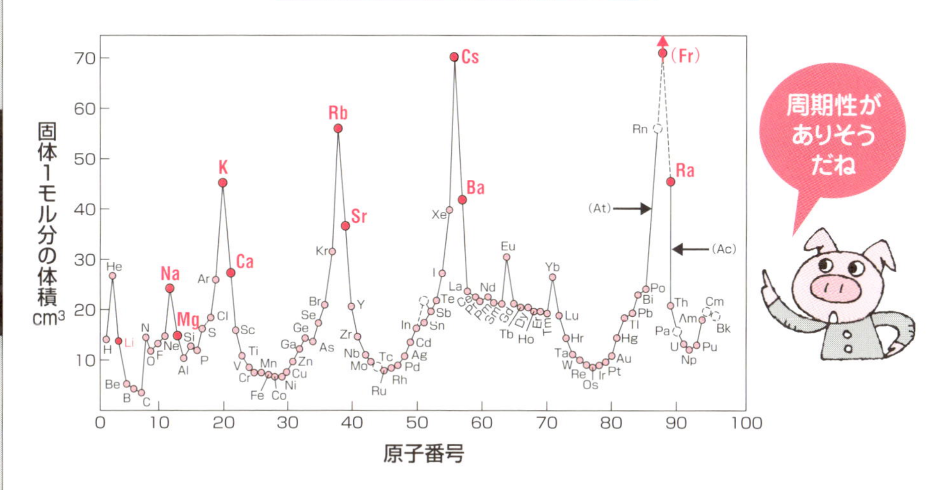

周期表にあわせて並べた大きさ

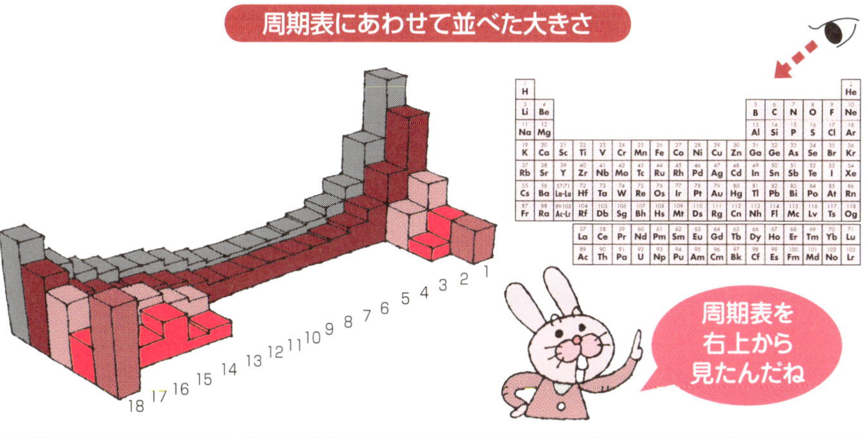

38 電子を1つ取ってみよう

第一イオン化エネルギーの周期性

電気的に中性の原子は、正の電荷をもつ陽子と同じ数の電子をもっています。そして、陽子は中性子とともに、中心に集まって原子核を作っています。電子はその周りを飛び回っているのでしょう。そこで、その電子を1つ取ってみたいと思います。

電子は負の電荷をもち、原子核内の正電荷をもつ陽子と、クーロン力とよばれる電気的な力で引き合っています。その状態で中性原子を作っているので、基本的に、中性原子から電子を1つ取り出すためには、エネルギーを与えることが必要です。つまり、電子にエネルギーを与えて、陽子とのクーロン力を断ち切って、原子の外に取り出すというわけです。

1個の中性原子から電子を1つ取り出すのに必要なエネルギーを「第一イオン化エネルギー」と呼び電子ボルトeVで表します。中性原子のもっている電子の中で、もっとも取り出しやすい電子を、原子核とクーロン力が働かなくなる場所まで動かすのに必要なエネルギーです。気体の中性原子から電子を取り出すので、原子そのものの性質を表しています。

第一イオン化エネルギーを原子番号の順に並べてみましょう。これもまた凸凹になることがわかります。

第一イオン化エネルギーが大きいということは、中性原子から電子を1つ取り出すために、大きなエネルギーが必要だということを意味します。見方を変えると、もとの中性原子の電子がより安定な状態であることを示しています。そして、その傾向が凹凸になるのは、電子の安定性が族ごとに違ってくるということです。極大のピークをとるのは、18族の貴ガスです。貴ガスは、もっとも安定な電子状態にあるといえます。安定だから取り出しにくいのです。

一方、1族のアルカリ金属の第一イオン化エネルギーはどれも同じくらい小さいです。つまり、1族の元素は、他の元素に比べて、電子を1つ取り出しやすいのです。

要点BOX

- ●電気的に中性の原子は、正の電荷をもつ陽子と同じ数の電子をもっている
- ●貴ガスはもっとも安定な電子状態

中性原子から電子を1個とってみよう

エネルギーの単位として「電子ボルト(eV)」を使う。1eVは電圧1V間を電子を1個ゆっくり運ぶときの仕事に等しい。
1eV=96.5キロジュール／モル。

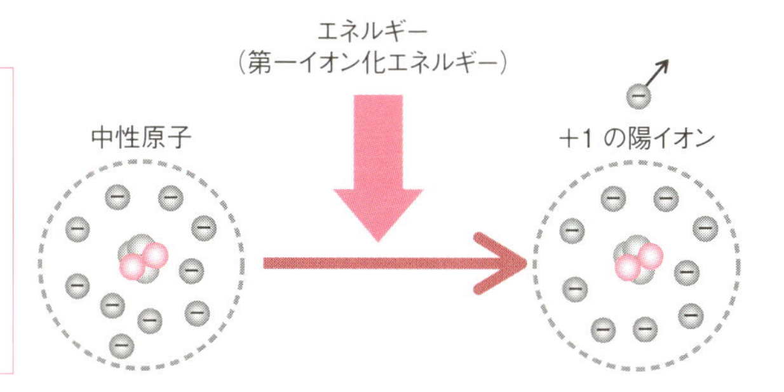

一番取り出しやすい電子にエネルギーを与える

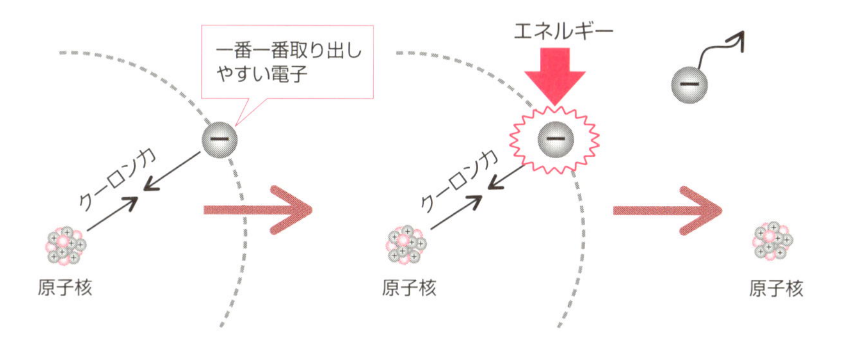

第一イオン化エネルギーを原子番号順に並べてみる

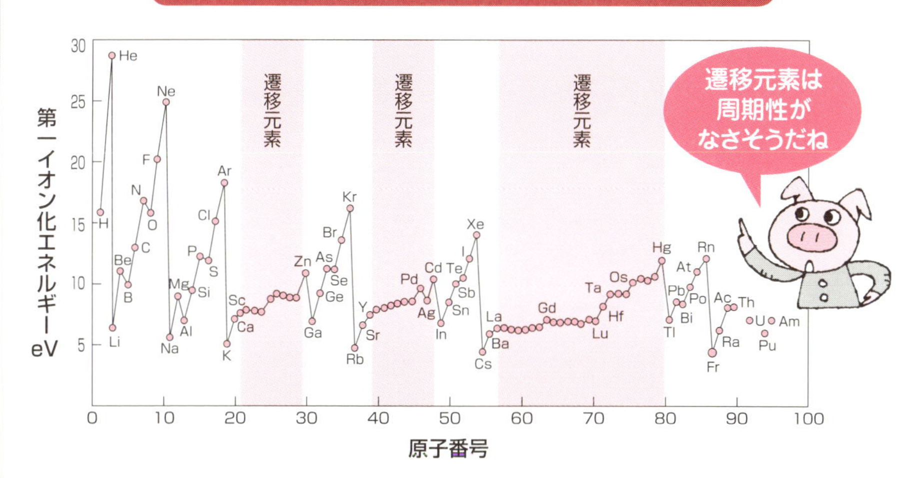

39 典型元素に注目してみると

典型元素は周期性を示す

38項の第一イオン化エネルギーを原子番号の順に並べた図をよく見ると、遷移元素にはあまり変化がありません。小さな凸凹を示していますが、基本的には少しずつ増加していき、周期性も見出しにくいですね。そこで、遷移元素を抜き取って、典型元素だけを並べてみましょう。こうすると、はっきりと傾向があることがわかります。細かい凸凹にも注意しましょう。

まず、1族から2族へは値が大きくなります。ところが、2族から13族へは、むしろ少し減少します。そのあと、13族→14族→15族と徐々に増加します。そして、15族から16族へはまた少し減少し、あとは18族へと増加します。さらに18族から1族へは一気に大きく減少します。この傾向が、第1周期から第4周期まで見られます。この規則正しい変化には、何か本質的なことが隠れているのではないでしょうか。

原子番号が1つ増えるのに、第一イオン化エネルギーが減少するのは、増える前の原子の電子状態が安定であることを示しています。つまり、安定な電子状態をとるのは、2族、15族、18族です。そして、値が大きいほど、電子状態はより安定なので、安定な順番は18族>15族>2族となります。安定な族はとても重要なので、覚えておいてください。

周期表は、もともと元素の化学的な性質の類似性にもとづいて作られました。その傾向は典型元素に強く、典型元素の縦の同じ族は、よく似た化学的性質を示すのです。元素の化学的性質は、そのもっている電子、特に一番エネルギーの高い不安定な電子の状態にほとんど支配されます。一番不安定だから、他の元素とも相互作用できるのです。

ある原子の中で、一番不安定な電子は、一番取れやすい電子、つまり、第一イオン化エネルギーの対象となる電子になります。したがって、第一イオン化エネルギーの傾向が化学的性質を表していることがわかりますね。

要点BOX

- 値が大きいほど、電子状態はより安定
- 安定な族は2族・15族・18族
- 安定な順番は18族>15族>2族

典型元素だけ並べてみる

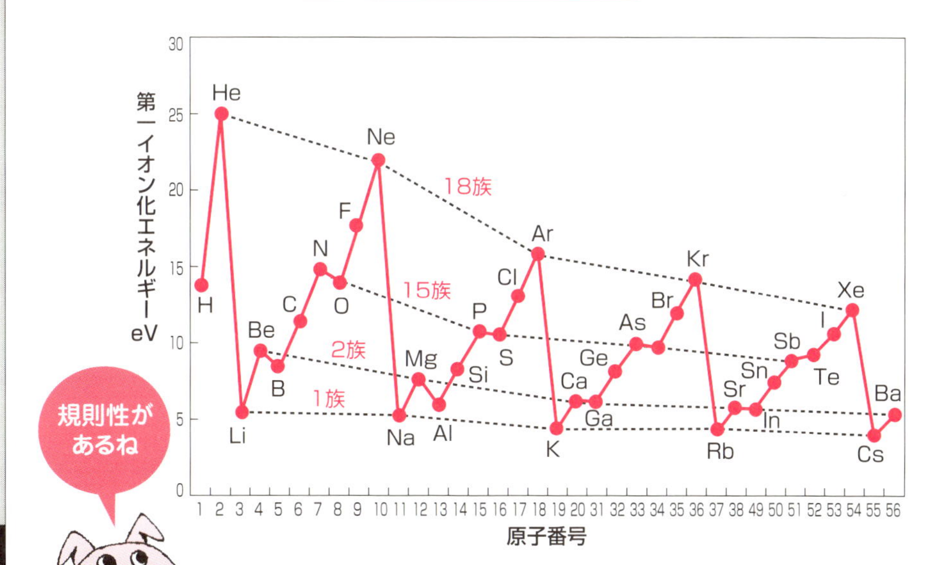

第一イオン化エネルギーを族で比較すると

周期＼族	1	2	13	14	15	16	17	18
1	1 H							2 He
2	3 Li	4 Be	5 B	6 C	7 N	8 O	9 F	10 Ne
3	11 Na	12 Mg	13 Al	14 Si	15 P	16 S	17 Cl	18 Ar
4	19 K	20 Ca	31 Ga	32 Ge	33 As	34 Se	35 Br	36 Kr
5	37 Rb	38 Sr	49 In	50 Sn	51 Sb	52 Te	53 I	54 Xe
6	55 Cs	56 Ba						

第１イオン化エネルギーが大きいと、もとの電子状態が安定なんだね。2・15・18 族が安定だね

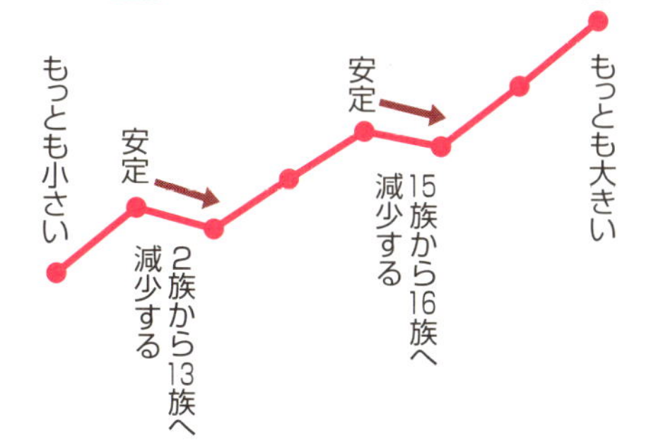

40 電子をもう1つ取ってみよう

無理やりもう1つ電子を取って周期性をみる

電気的に中性な原子から電子を1つ取り除いたら、正の電荷が1つ多いので、それは+1の陽イオンになっています。そこからさらに1つ電子を取り除いてみましょう。ただし、すでに原子核内の陽子の数の方が電子の数よりも1個多く、クーロン力はより強く働いているので、その電子を取り除くには、さらに大きなエネルギーが必要となります。+1の陽イオンから電子を取って+2の陽イオンにするために必要なエネルギーを「第二イオン化エネルギー」といいます。

ここでも、典型元素だけを抜き取って、原子番号と第二イオン化エネルギーを並べてみましょう。値は第一イオン化エネルギーよりもはるかに大きくなっていますが、同じような傾向が得られることがわかります。しかし、元素が1つずつずれていますね。

上下の関係が逆転しているところがあります。特に目立つのが、第一イオン化エネルギーでは減少する関係にあるHe→Li、Ne→Na、Ar→Kという18族→1族が、第二イオン化エネルギーでは増大しています。つまり、1族は電子を1つ取るにはもっとも小さなエネルギーでよかったのですが、さらにもう1つ取るためには大きなエネルギーが必要だということです。これは、1族の元素から1つ電子を取って18族の電子の数になると、電子が取れにくくなり、安定な状態になることを示しています。

またもう1つ、第一イオン化エネルギーでは増加する関係にあるLi→Be、Na→Mg、K→Caという1族→2族という変化に対して、第二イオン化エネルギーは大きく減少していることも目立ちます。これは、2族の元素から1つ電子を取って1族の電子の数になると、ほかの元素よりも2つ目の電子を取り出しやすくなっていることを示しています。

このように、電子の取り出しやすさが、1つ目と2つ目で、1つずれていることは、電子の挙動は、陽子数よりも電子数に影響されることを示しています。

要点BOX
- ●+2の陽イオンにするために必要なエネルギー
- ●第一イオン化エネルギーよりもはるかに大きい
- ●1つずつずれた周期性を示す

＋1の陽イオンからさらに電子を1個とってみよう

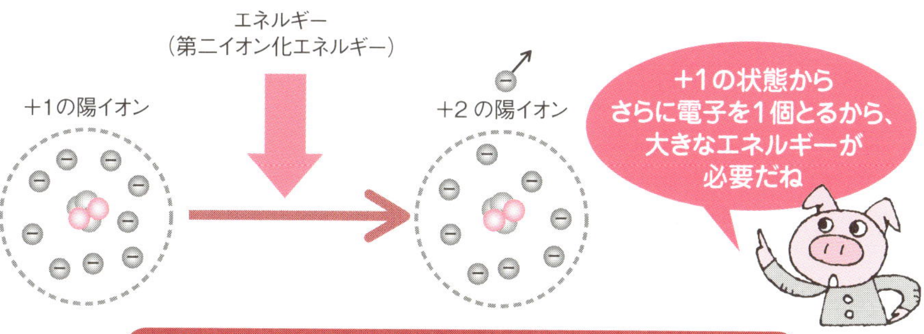

典型元素だけ第二イオン化エネルギーを並べてみる

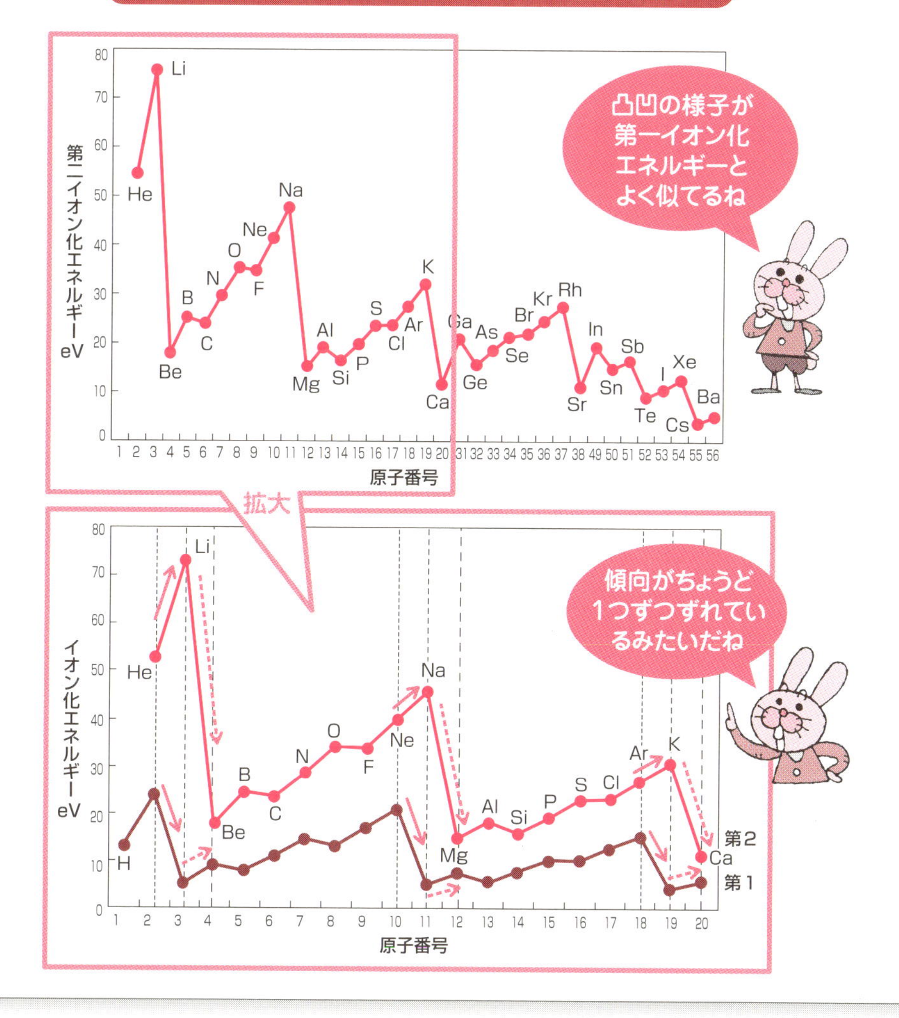

41 電子をくっつけてみよう

中性原子は電子を取られたくないけど、もらうのは好き

イオン化エネルギーは、中性原子から電子を取り出すために与えなければならない必要なエネルギーでした。それでは逆に、電子を余計に1つ与えたらどうなるでしょうか。それはつまり、中性原子を負の電荷をもつ−1の陰イオンにするということです。

そもそも原子は、電子が原子核の周り、すなわち外側を飛び回っていて、いくら電子が小さいとはいえ、外から見ると負の電荷が外側で、中心に正の電荷があります。そう考えると、電子を外から近づけてもまずは反発すると考えられます。

ところが…驚くべきことに、ほとんどの元素は電子を近づけると、エネルギーを加えなくても自発的に電子を取り込むのです！中性原子に1つ電子を与えたときに、放出されるエネルギーを「電子親和力」といいます。「力」が付いていますが、エネルギーです。イオン化エネルギーは電子を取り出すために与えなければならないエネルギーでした。つまり、中性電子から電子を取り出して陽イオンにするたには、エネルギーを与えないと取り出せないのです。それに対して、電子親和力がプラスになるということは、中性原子に電子を近づけると勝手に取り込まれて、エネルギーを放出するのです。なんという不思議。

原子番号の順に電子親和力を並べてみましょう。電子親和力が大きいものほど、電子を取りこんでたくさんエネルギーを出します。つまり、F、Cl、Brの17族ハロゲン元素がもっとも電子を取り込みたい性質をもっています。次に大きいのはO、S、Seの16族です。

イオン化エネルギーと異なるところは、電子親和力はプラスの値ばかりではなくて、0あるいは符号の異なるマイナスの値もとることです。電子親和力が0あるいはマイナスというのは、電子を近づけても、自発的には取り込まれないことを意味します。マイナスになるのは、それだけのエネルギーを加えて保持しないと−1の陰イオンの状態を保てないということです。

要点BOX

- ●中性原子に1つ電子を与えたときに、放出されるエネルギーが「電子親和力」
- ●電子親和力はプラスの値ばかりではない

電子親和力

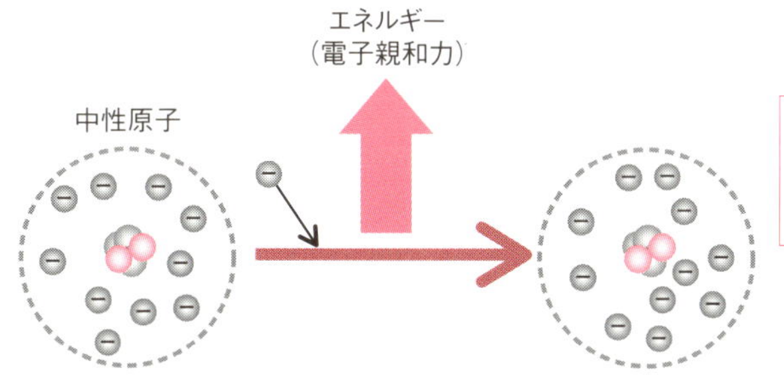

中性原子が電子を1個もらったときに放出するエネルギー。

中性原子に電子を1つ与えると

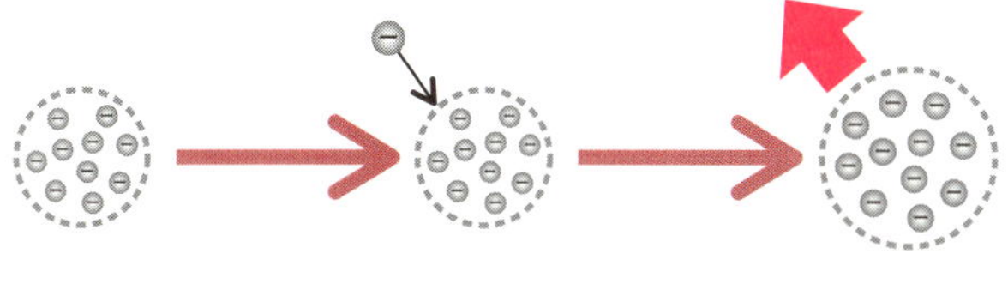

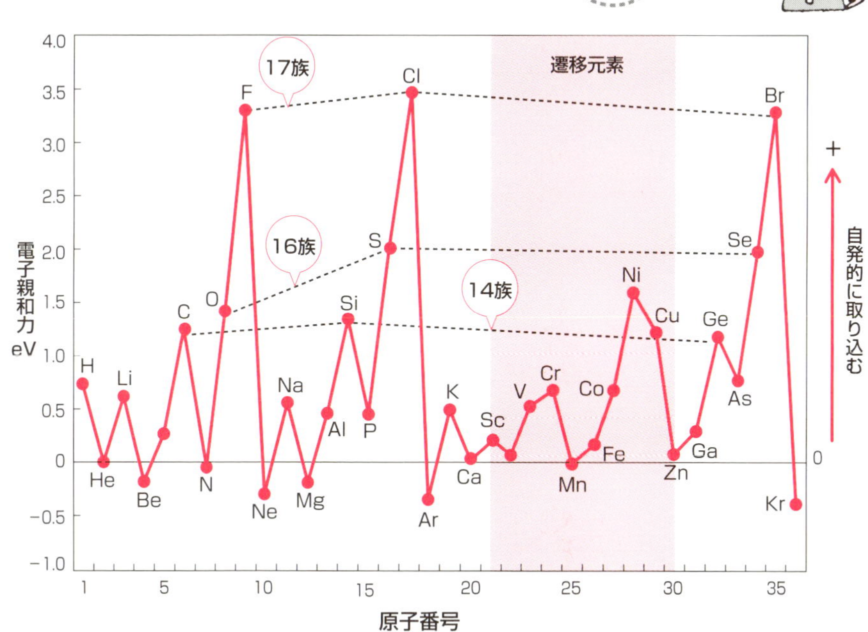

42 電子状態が安定な元素

安定しているから余計な電子はもらわない

典型元素について、第一イオン化エネルギーと電子親和力を原子番号に対して同時にプロットしてみましょう。同じような周期性を示すことがわかります。

第一イオン化エネルギーが大きな元素は、その電子状態が安定でした。つまり、2族、15族、18族の元素がその電子状態が安定な元素です。

電子親和力が0あるいはマイナスをとる元素は、ちょうど2族、15族、18族です。つまり、中性原子として安定な電子状態をもつ元素は、電子を近づけても自発的には受け取らないということです。もともと安定だから、余計な電子はもらわないのです。

そして、17族の電子親和力が大きいことも説明できそうです。つまり、18族の電子状態が安定なので、17族の原子は、もう1つ電子をもらって、18族の電子数になって安定するということです。全体として、-1の陰イオンになって、電子間どうしの反発が大きくなりそうですが、それ以上に、原子核の陽子とのクーロン力によって、原子全体としてはエネルギー的に低くなるのです。

第一イオン化エネルギーから予想された安定な順番は18族>15族>2族でした。電子親和力もそれを反映しています。つまり、1つ前の元素の電子親和力が大きいほど、次の元素の電子状態は安定といえます。18族、15族、2族の1つ前の17族、14族、1族の電子親和力は、同じ周期で比べると、17族>14族>1族となっています。

中性原子から電子を取り出したり、くっつけたりすることに伴うエネルギーを調べることによって、元素には安定な電子状態が存在することがわかってきました。しかし、2族、15族、18族の元素がなぜ安定な電子状態をもつのかは、わかりません。その謎の解明には、量子力学が必要でした。次章では、量子力学によって解明された、不思議で魅力的なミクロの世界にご案内しましょう。

要点BOX
- ●2族、15族、18族の元素が電子状態が安定
- ●17族の電子親和力が大きいのは、18族の電子状態が安定しているため

典型元素の第一イオン化エネルギーと電子親和力

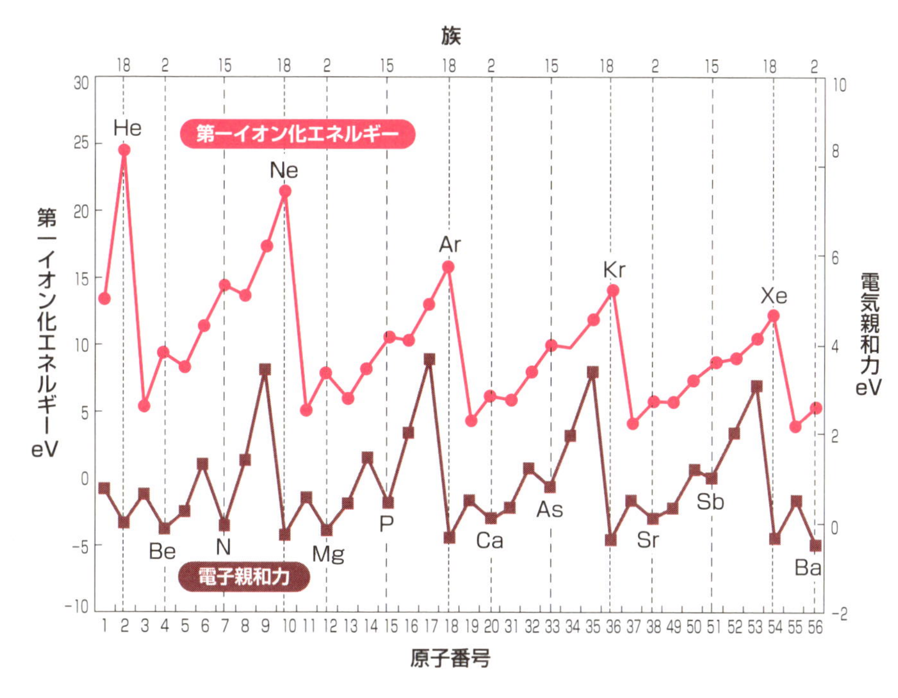

電子状態が安定な元素：2 族、15 族、18 族の元素
安定な順番は 18 族>15 族>2 族

2 族：Be、Mg、Ca、Sr、Ba
15 族：N、P、As、Sb、Bi
18 属：He、Ne、Ar、Kr、Xe

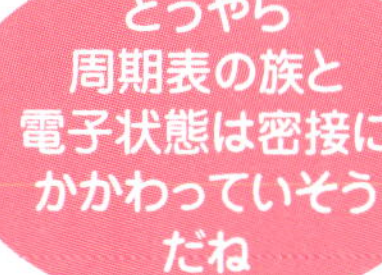

Column

結合の手が3つある「15族窒素族」

15族は窒素N、リンP、ヒ素As、アンチモンSb、ビスマスBiで、もっともエネルギーの高い軌道はp軌道で、そこに電子が3個入っている元素です。p軌道は3つあるので、フントの規則により、3つのp軌道にそれぞれバラバラに電子が1個ずつ入っています。

これがつまり、結合の手が3つある状態で、15族元素は、他からもう3個電子をもらって共有結合を作って、貴ガスの電子配置になろうとします。ただし原子番号が大きくなるにつれて、電子軌道どうしが重なるようになり、1つの原子核に束縛されていた電子が、いろいろ動き回れる状況ができてきます。一番外側のエネルギー準位の電子を多数の原子核で共有するのが金属結合ですが、実際にSbやBiは金属として存在します。

窒素とリンは植物の三大栄養素で、化学肥料の原料に欠かせません。まず窒素は私たち生き物には必須な元素で、アミノ酸やタンパク質、核酸塩基など、あらゆるところに含まれています。窒素原子どうしが共有結合で結びついた窒素分子は、お互いがもつ3個の電子をお互いに共有しあって3重結合と呼ばれる強い結合を作っています。そのため窒素分子は空気中に78％も含まれるにも関わらず、とても安定でなかなか使うことができませんでした。それを打ち破ったのがハーバー・ボッシュ法です。窒素分子と水素分子を400〜600℃の高温かつ200〜400気圧の高圧にして、大量のエネルギーを与えてアンモニアを合成します。このアンモニアを原料として化学肥料が作られ、食物が生産されるのです。私たちはその食物を食べて生きていますが、私たちの身体の中にある窒素の半分は、工業的に合成されたものであると言われています。

リンは、一昔前はマッチに使われていたのですが、最近はめっきり目にしなくなりました。しかしリンも私たち生命にとって必要不可欠な元素で、遺伝をつかさどる核酸やエネルギーを蓄えておくATP（アデノシン三リン酸）の構成元素です。

第5章

量子力学によって解明された摩訶不思議なミクロの世界

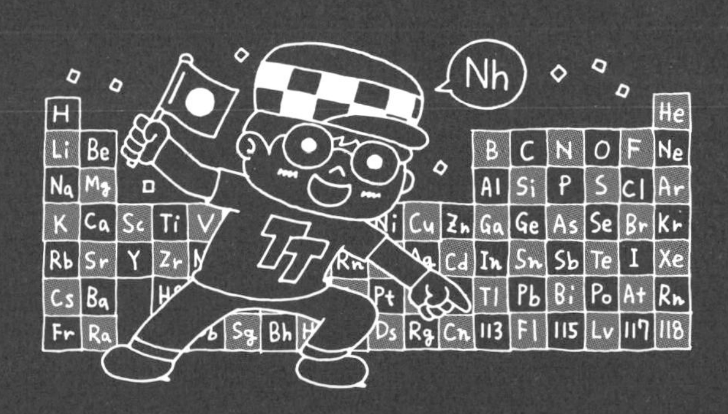

43 身近なことが当たり前ではない

モノがきれいに見えるのは本当は不思議

私たちは七色の色彩豊かな世界に住んでいます。この身近なごく当たり前のこのことが、実は、ミクロな世界の秘密と深くかかわっています。それを知るために、少し光のことを知っておきましょう。

私たちが普通、光というときは、可視光を指しています。光は1秒間に30万km（キロメートル）進む電磁波で、波の性質をもっています。そのために干渉したり、回折したりします。波1つ分の長さを波長といいます。可視光の波長は400～750nm（ナノメートル）です。

私たちは波長の違いを色として見分けています。赤い光は波長が長く（750nm）、橙→黄→緑→青→藍→紫（400nm）と短くなっていきます。赤より波長が長い方を赤外線、紫より短い方に紫外線があります。太陽光は赤外線から可視光と紫外線を含んだ光です。それをすべて合わせると白く見えます。

さて、私たちが色を見るとはどういうことでしょうか。太陽光がそのモノに当たり、当たった光が反射します。その、反射した光が私たちの目に入ると、そのモノが認識されます。そのとき白い太陽光がすべて反射されるとモノは白く、逆にすべて吸収されると真っ黒に見えます。真っ黒というのは、すべての波長の光がそのモノに吸収され、光がわれわれの目に届かない状態のことです。

七色のうち、モノが紫～緑の光を吸収すると、他の色は反射されて、紫～緑以外の光が目に入ってきます。そのとき私たちには、そのモノは赤く見えます。赤いモノは赤い光を吸収しているのではなく、赤以外の光を吸収しているのです。ある波長の光を吸収することが、色が見える本質です。

さて、太陽光が身体にあたるとぽかぽか暖かく感じますね。また最近では、太陽光で発電する太陽電池もよく見かけます。光はエネルギーをもっています。そのエネルギーは光の波長によって変わります。波長が短い方が高いエネルギーをもっています。

要点BOX
- ●波1つ分の長さを波長という
- ●可視光の波長は400～750 nm
- ●波長が短い方が高いエネルギーをもっている

太陽光のスペクトル分布

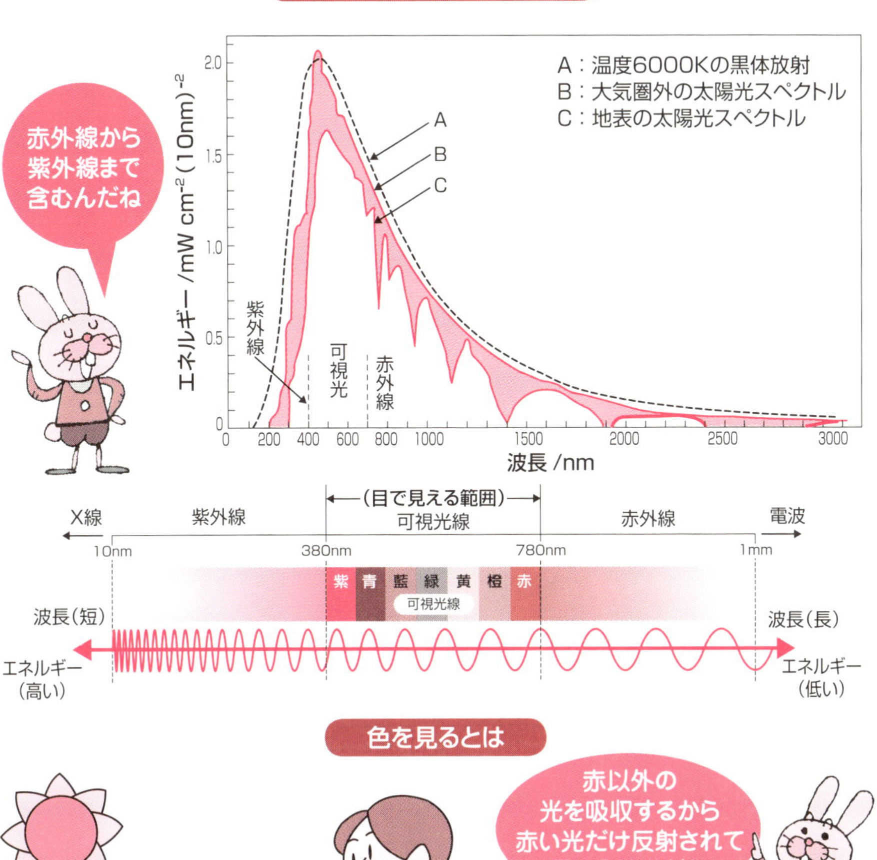

色を見るとは

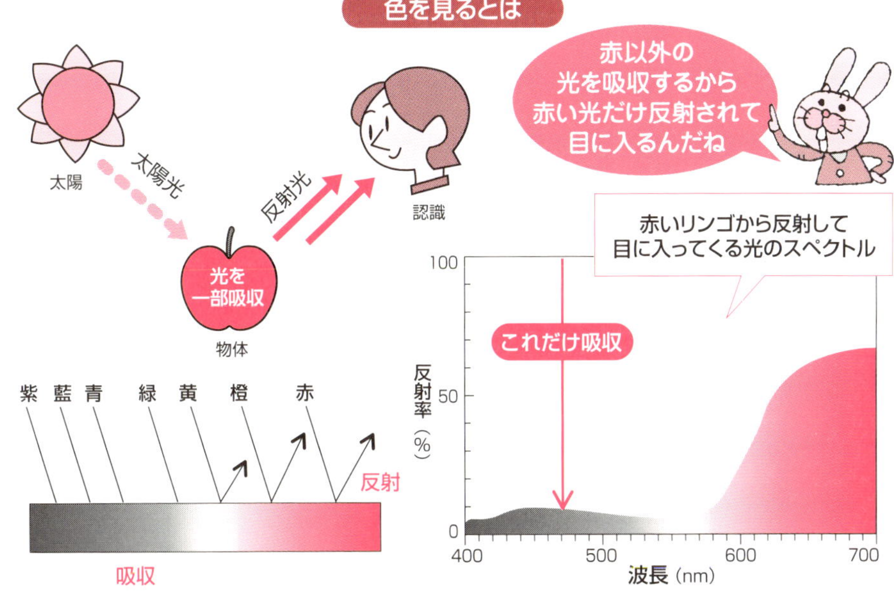

44 真理はいたるところに〜理事無碍法界

電子はとびとびのエネルギーをもつ状態しかとれない

私たちが見る色は補色で説明できます。モノが、可視光の中で、ある波長の光を吸収すると、私たちには、その吸収された色の補色に見えます。それでは、モノが吸収する光の波長はどのように決まるのでしょうか。それが電子と密接に関わっています。

モノは原子で構成されていますから、必ず電子をもっています。電子は、クーロン力で陽子に引きつけられながら、原子核の周りを運動しています。そして、その状態で決まるエネルギーをもっています。ところが、電子は、原子の中にいるときは、基本的にとびとびの状態しかとれないのです。状態がとびとびなので、エネルギーもとびとびになります。

モノに光が当たると電子にエネルギーを与えることがあります。電子はどんなエネルギーでももらえるかというと、そうではありません。それはとびとびのエネルギーしか取れないからです。ちょうどそのとびとびのエネルギーの差にあたるエネルギーをもつ波長の光しか吸収できないのです。たとえば、あるモノの中の電子が、緑の波長の光のもつエネルギーと同じエネルギーの差をもつ状態をとれるのであれば、そのとき太陽光が当たると、電子は緑色の波長の光だけ吸収して、エネルギーの高い状態に上がります。そのとき、そのモノは赤色に見えるのです。

もし電子が、連続的なエネルギーの状態がとれるとすると、どのような波長の光も吸収できることになります。それは、光が反射してこない状態、すなわち真っ黒です。電子のエネルギー状態がとびとびでなければ、すべてのモノは真っ黒なのです。

原子の中の電子はとびとびのエネルギーをもつ状態しかとれないことが本質的にとても重要です。それが鮮やかな色につながっています。身の回りのあたり前のことに、真理が含まれています。仏教ではそのことを「理事無碍法界（りじむげほうかい）」といいます。その気持ちで身の回りを見直してみたいですね。

要点BOX
- ●モノは必ず電子をもっている
- ●電子のエネルギー状態がとびとびでなければ、すべてのモノは真っ黒

私たちの見ている色は

モノに吸収された
波長の光の補色に
見えるんだね

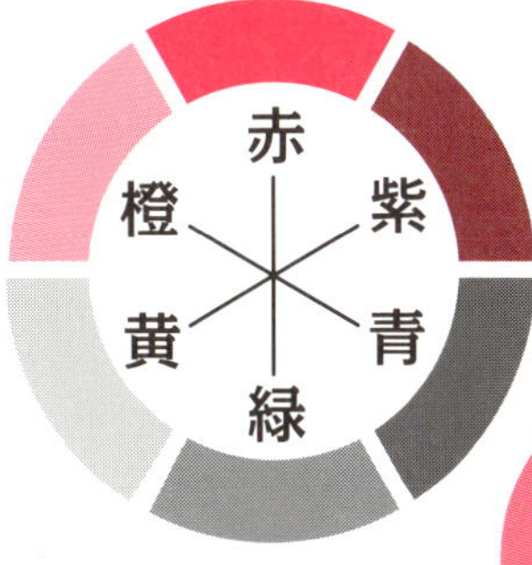

補色関係

間の
エネルギーは
とれないので
この光は吸収
しないんだね

電子はとびとびのエネルギーしかとれない

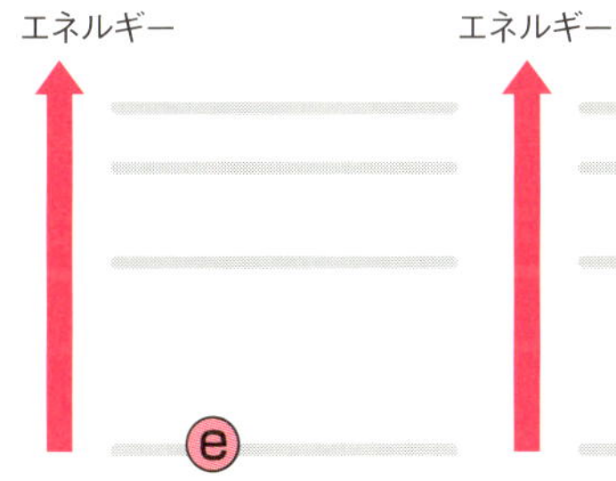

モノの中の電子のエネルギー状態

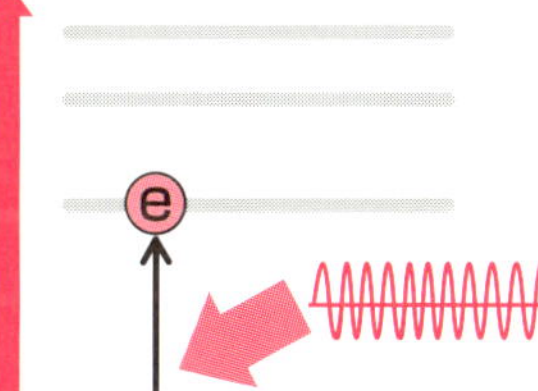

ちょうど電子のエネルギーの差に等しいエネルギーの光は吸収する

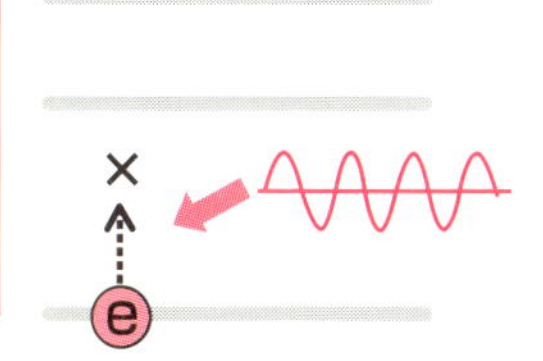

電子のエネルギーの差にたりないと吸収しない

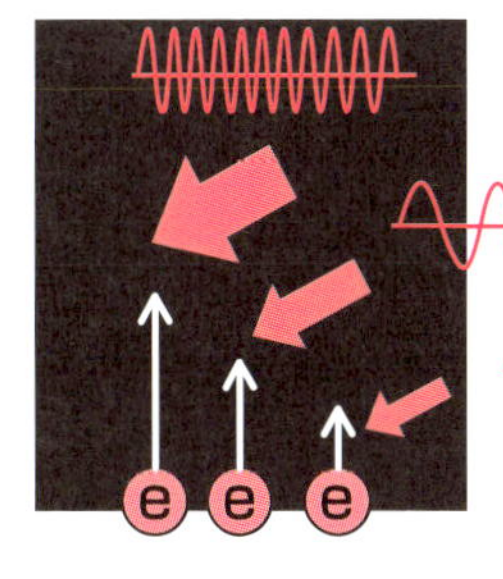

もし電子のエネルギー状態が連続だったら
どんな波長の光も吸収する

エネルギーが
連続だったら
どんな波長の光も
吸収できるね。
そうすると真っ黒だ

45 原子の中の電子のエネルギー

エネルギーを低くするように状態が変化する

これから原子の中の電子の状態を考えていくのですが、そのために改めて原子の中の電子のエネルギーについて説明しておきましょう。原子の中の電子のエネルギーは、原子核と電子がまったくクーロン力を及ぼさないで、電子が自由にフラフラしている状態を基準のゼロとします。その状態から、電子を原子核の近くのある状態までもってくるために必要な仕事を電子のエネルギーとしています。

すでに説明しましたが、第一イオン化エネルギーとは、原子の中から電子を1つ取り出すのに必要なエネルギーのことでした。たとえば、水素原子の第一イオン化エネルギーは電子1個あたり13・6 eV「エレクトロンボルト」になります。1 eVは96.5kJ/モルなので水素原子1モルでは1312 kJ「キロジュール」になります。

取り出した状態が、電子がまったく自由で基準となるゼロの状態なので、逆にいうと、水素原子の中の電子のエネルギー状態は、電子1つではマイナス13・6 eV、1モルあたりではマイナス1312 kJということになります。マイナスがついているのは、仕事を加える必要がないことを意味していて、まったく自由な状態よりも、エネルギーが低いのです。

エネルギーに関わる重要な性質として、「自発的な変化はエネルギーの低い状態に進む」ということがあります。これは証明できませんが、間違いないと考えられている原理です。そのため、水素の原子核と電子が1つあったとき、まったく相互作用せずに電子が自由に飛び回っているよりも、水素の原子核と相互作用して、原子核の周りにいた方が、エネルギーが低くなるので水素原子を形成します。

これまで先に、ある状態があって、それにエネルギーが伴うというように説明してきましたが、実は逆で、エネルギーをより低くするように状態が変化するのです。次にそのエネルギーを決める要因を考えてみましょう。

要点BOX
- ●自発的な変化はエネルギーの低い状態に進む
- ●eVは電子1つを考える際に便利な単位
- ●1eVは96.5kJ/モル

水素原子のもつ電子のエネルギーを考えよう

原子核に引きつけられず
にまったく自由に運動
→これを基準にゼロとする

電子

13.6eV エネルギーが
低くなる

陽子

安定な
電子の軌道

水素原子

水素原子のエネルギー
eV

0

−10

−20

第一イオン化
エネルギーは
13.6eV

−13.6eV

エネルギーの低い方に自発的に進む

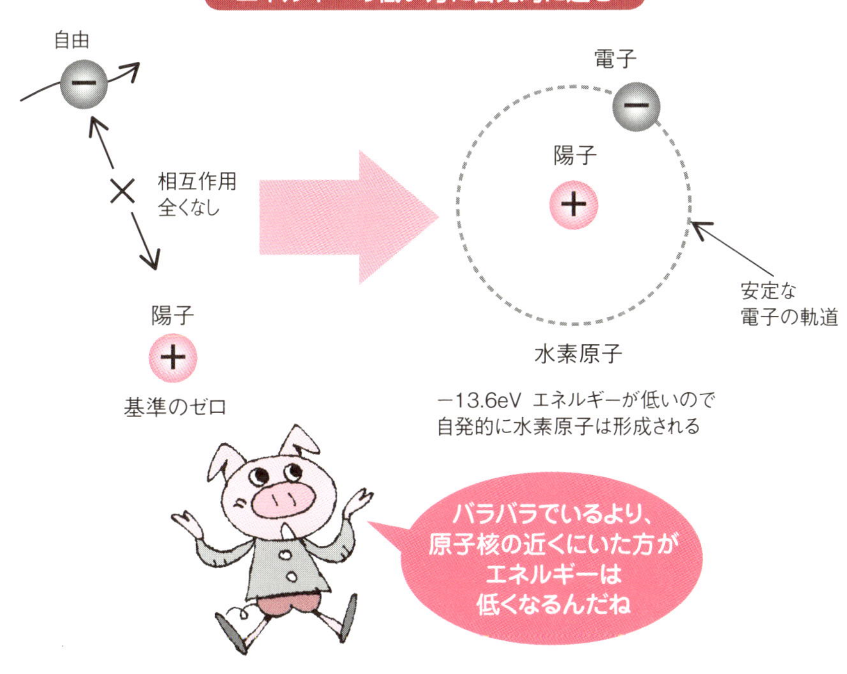

46 電子のエネルギーは何で決まるのか？

ポテンシャルエネルギーと運動エネルギーで決まる

原子の中の電子のエネルギーは2つの要因によって決まります。1つは、電子のマイナス電荷と原子核の中の陽子のプラス電荷の間で働くクーロン力にもとづくポテンシャルエネルギーです。これは電荷同士の距離の二乗に反比例するので、距離が近いほどポテンシャルエネルギーは低下します。つまり、電子が原子核にくっついてしまった状態が、もっともポテンシャルエネルギーが低くなるので、できるだけ原子核に近づこうとします。

一方、電子は運動していますから、運動エネルギーをもっています。陽子や中性子は、電子に比べて1840倍もの質量をもち、電子に比べるとほとんど動かないので、原子全体を考えるときは、電子の運動エネルギーだけを考えればよいことになります。電子は面白いことに、狭い空間に閉じ込めようとすると激しく運動します。つまり、原子核に近づけようとすればするほど、空間的に狭くなるので運動エネルギーは増加し激しく動き回ります。そのため、運動エネルギーの観点からは、電子は原子核から遠く離れて運動したほうがよいことになります。

原子の中の電子のエネルギーは、ポテンシャルエネルギーと運動エネルギーの和になります。ポテンシャルエネルギーの観点からは電子は原子核に近いほどよく、運動エネルギーの観点からは電子は原子核から遠いほどよくなります。実際の電子の居場所はその2つの兼ね合いで決まります。

水素原子の場合には、原子核を中心として半径0.529×10^{-10}mの球面上にもっともよく存在することが知られています。この半径を、これを最初に求めたボーアにちなんで、「ボーア半径」と呼んでいます。また注意しておきたいのは、電子は必ずボーア半径の球面上に存在するのではなく、いろいろみてみると、ボーア半径の球面上に存在する確率が高いということを表していることです。

要点BOX

- ●距離が近いほどポテンシャルエネルギーは低下
- ●電子のエネルギーは、ポテンシャルエネルギーと運動エネルギーの和

原子のエネルギーを決める要因

クローン力によるポテンシャルエネルギー

電子

原子核

F

q_1　q_2

r

$$F = k_0 \frac{q_1 q_2}{r^2}$$

F　：クーロン力
$q_1 q_2$：電荷
k_0　：比例定数
r　：電荷間距離

電子が原子核に近いほどポテンシャルエネルギーが低くなる

電子の運動エネルギー

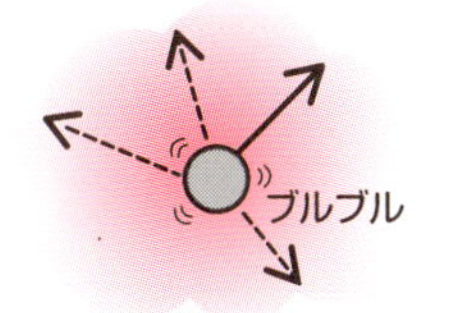

ユラユラ

電子は原子核から遠いほど運動エネルギーが低くなる

ポテンシャルエネルギーと運動エネルギーの兼ね合いで

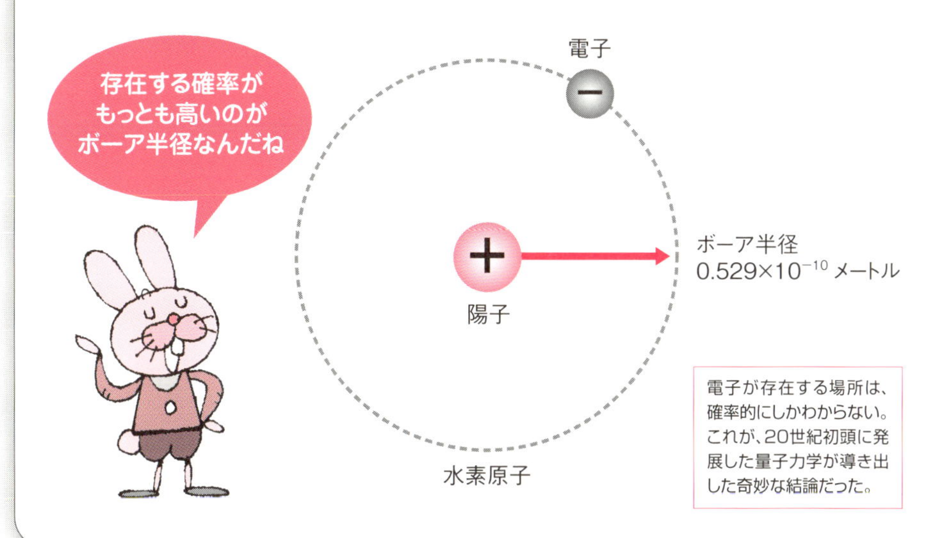

電子が存在する場所は、確率的にしかわからない。これが、20世紀初頭に発展した量子力学が導き出した奇妙な結論だった。

47 電子は数えられるから粒子である

電子を一発ずつ撃つことができる

電子は、私たちの想像できる範囲を超えていました。電子のもつ不思議な性質を紹介しておきましょう。

電子は1個、2個と数えることができます。そもそも、中性原子は陽子と同じ数の電子をもっています。1.5個とかはありえず、必ず自然数の個数になります。原理的に、電子は一発ずつ撃つことが可能です。1個、2個と数えられるものを、私たちは一塊のつぶ、つまり「粒子」として認識します。したがって電子は、粒子としての性質をもっていると認識します。実際に、電子の質量は9.10938×10^{-31}kgと求められています。これが粒子でなくてなんなのでしょう!

さて、いま電子が通れる細い隙間が2カ所空いた板(スリット)を用意します。そしてその片側から板に向かって電子を一発ずつ撃ちます。板の向こう側には壁をおいて、その壁には電子がとんできた場所がわかるようにしておきます。板の細い隙間を通り抜けた電子だけが、壁に到達し、その場所がわかります。電子は撃つ向きは決められますが、どちらか一方の隙間だけを狙って通すほど制御できないので、板に向かって、てんでバラバラに撃つことになります。

まず、電子を一発撃ってみました。壁に当たって電子が到着した場所がわかりました。うまくどちらかの隙間を通り抜けたようです。この場所を記録しておきましょう。そしてまた改めて、一発撃って、壁に当たったら、その場所を記録しておきます。一発、二発と撃てて、一発ずつ壁のどこに当たったかがはっきりわかるのですから、これは、電子は粒子と考えて問題ないでしょう。

粒子だとすると、隙間を通り抜けた後ろの壁のところだけに電子は到着すると考えられます。そこで、一発ずつ撃って到着した跡をすべて重ね合わせてみましょう。粒子であれば、隙間の後ろの壁の部分に電子が到着した跡が集中すると考えられますが、実際はどうでしょう。

要点BOX

- ●電子は1個、2個と数えられる
- ●電子の質量は9.10938×10^{-31}kg
- ●電子は、粒子としての性質をもっている

電子は1個、2個と数えられる

電子の質量
9.10938×10^{-31}kg（キログラム

2カ所隙間のあるスリットに向かって電子を撃つ

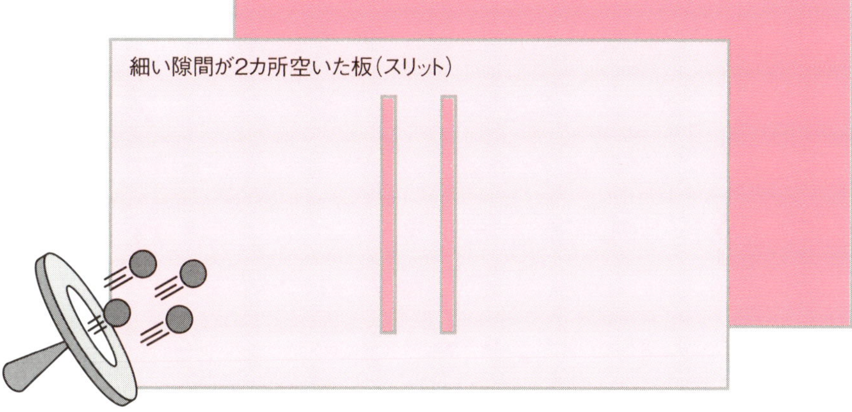

スリットごとに電子を一発ずつ撃ってみた

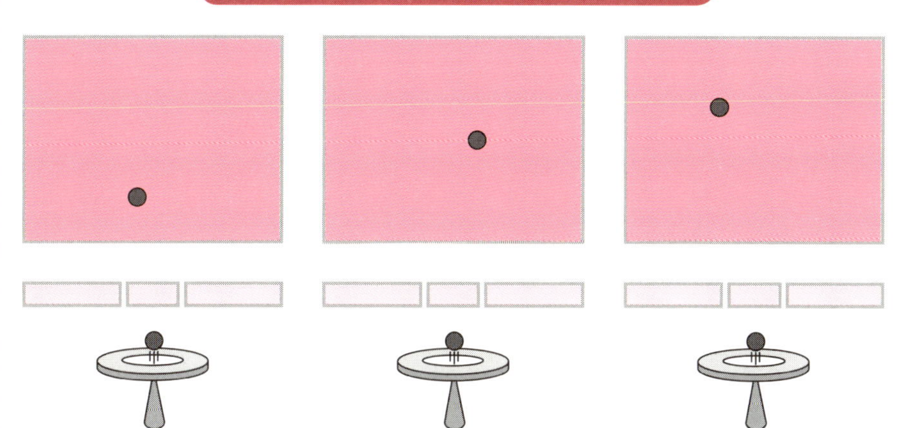

48 分割不可能な電子が2つの隙間を同時に通る!?

奇妙奇天烈、正体不明の電子

実際にスリットの隙間を通り抜けて、壁に到着した跡を重ね合わせると…なんと干渉縞が見えるではありませんか!干渉縞とは、複数の波と波が重なり合って、強め合うところと、弱め合うところができることによって生じます。

干渉は波の性質で「2つ以上の波が重なり合って」起こります。たとえ、粒子を一度にたくさん撃ったとしても、干渉縞は決して観察されません。さらに実際の実験では、電子は一発ずつ撃ちました。一発ずつの跡には、当たり前ですが、干渉したような様子は見つけられませんでした。にもかかわらず、その一発ずつの跡を足し合わせると干渉しているのです。

いったい何が干渉しているのでしょうか。それは「電子が左側の隙間を通り抜けた状態」と「電子が右側の隙間を通り抜けた状態」が干渉しているのです!?「電子は左側の隙間を通りながら、同時に右の隙間も通っていて、その2つの状態が干渉した」と考えるのです。

電子は1個、2個と数えられます。0.5個の電子というのは存在せず、分割不可能です。分割不可能なモノが2つの隙間を同時に通る、そんな奇妙奇天烈なことが起こる、それがミクロの世界なのです。

注意しておかなければなりませんが、実際にはどちらかの隙間を通っているのだが、それは私たちにわからないだけだろうと考えたら、それは間違いです。私たちが知らなくても、実際にどちらかだけを通ったのであれば、干渉しないからです。

さらに、電子が壁に当たる場所も、確率的にしかわかりません。必ずここに当たるということは言えず、このあたりに来る確率はいくらということしかわからないのです。こんな変な性質をもつモノ(?)は、普通、私たちの大きさのレベルでは見当たりません。

電子は観測すると数えられますが、その運動は波の重ね合わせで理解されます。電子は原子の周りでも波の性質をもって運動しているのです。

要点BOX

- 干渉は2つ以上の波が重なり合って起こる
- 電子は同時に2つの隙間を通る
- 壁に当たる場所は確率的にしかわからない

電子が到着した跡を重ね合わせると

電子が粒子だとしたら

粒子の数

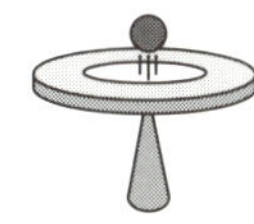

ところが
実際には

干渉縞が見えた!

粒子の数

実際に電子を撃ってみた

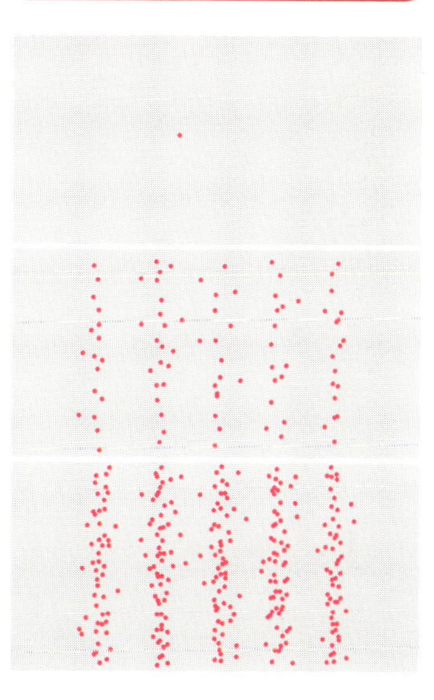

49 波の節の数に注目しよう

電子の運動は定常状態になっている

原子核の周りを運動する電子も当然、波の性質をもちます。ここからは、電子が波の性質をもつことが本質的に重要です。電子は原子核の周りを運動していますが、その運動は、通常はある定常状態になっています。それは、たとえば水素原子の電子状態を反映しているスペクトルを、何度測っても、同じように観察されることからわかります。

定常状態の波を「定常波」といいます。定常波は見かけ上、波がどちらにも進行せず、その場で規則的な上下振動を繰り返します。定常波の中でまったく動かない位置を「節(ふし)」、もっとも大きく振動している位置を「腹(はら)」といいます。

原子は3次元の存在なのですが、3次元の波をイメージするのは困難です。そこで、太鼓の膜の2次元の実際の振動を考えて、そのアナロジーで3次元を考えていきましょう。波の高さを振幅といいますが、太鼓の縁は固定されているので、縁の振幅は常にゼロです。その太鼓で一番、周期の長い波は腹が中央に1つだけで節をもたず、単純に上下する波です。膜に節をもたないのはこの波だけです。

次は、膜に節を1つもつ波です。これには2つあります。まず、円形の節をもつ波形が円形の波です。波形は、節をもたない波と同系列と考えます。もう1つは、直線的な節をもつ波です。これは新しい波形の波です。ここまでで重要な性質が現れています。それは、定常波であるためには、とびとびの状態しかとれないことです。節の数は0の次は1で、0.5というような節の数はありえません。状態がとびとびなので、そのエネルギーもとびとびになるのです。

節が2つの波は3つあります。この場合は円形の節のみの定常波と直線的な節のみの定常波に加えて、円形と直線の節を同時にもつ定常波も現れます。この節の数が、3次元で電子の状態を表すときの大切な鍵になります。

要点BOX
- ●定常状態の波を定常波という
- ●定常波の中でまったく動かない位置が「節」
- ●もっとも大きく振動している位置が「腹」

2次元の定常波

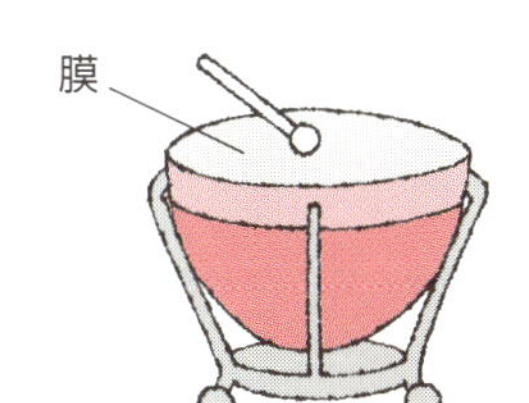

太鼓の縁は固定されているので、縁の振幅は常にゼロ。

膜の節の数0

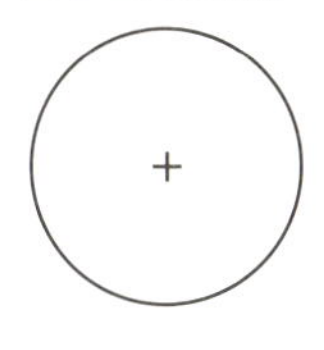

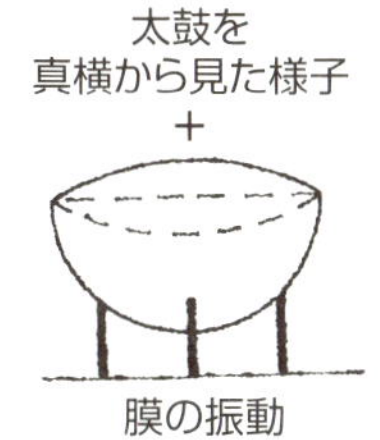

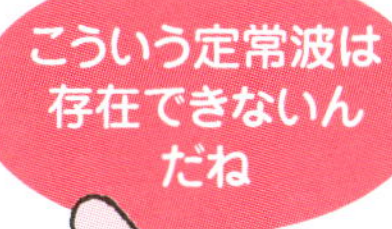

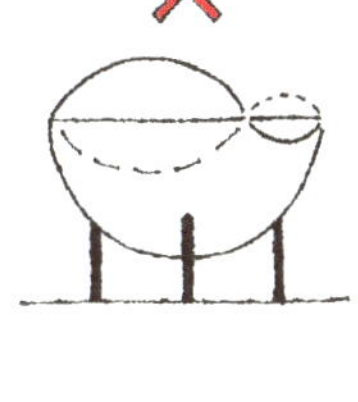

節の数は整数しか取れない。

膜の節の数1

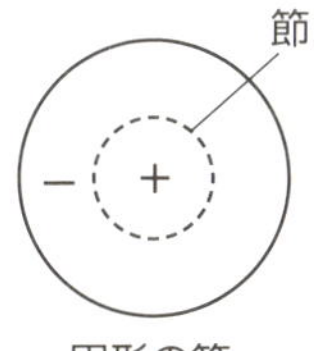
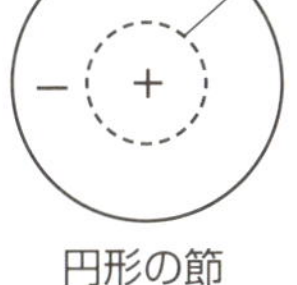

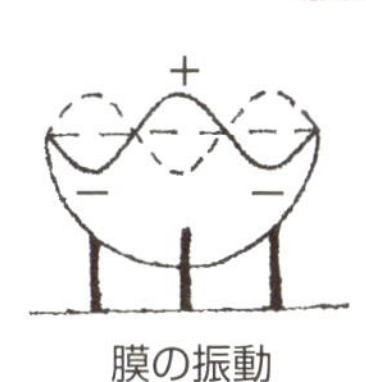

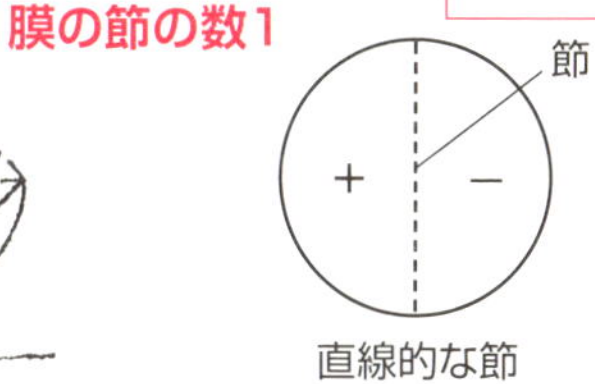

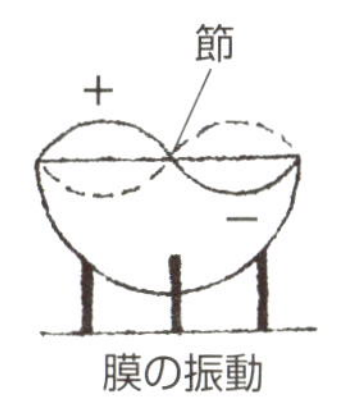

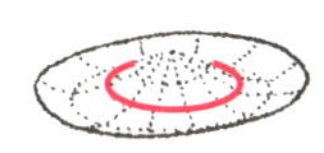

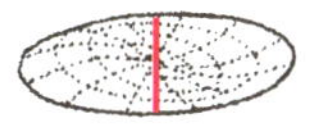

膜の節の数2

節の数が増えると実際の音は高くなる。

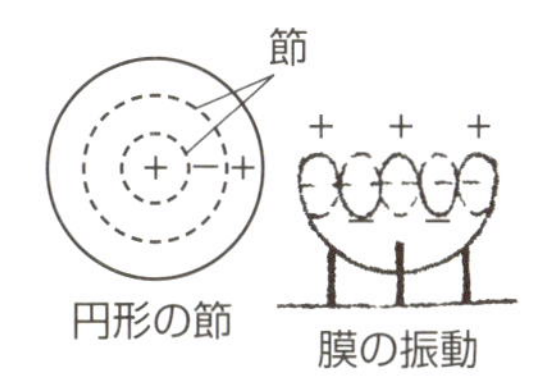

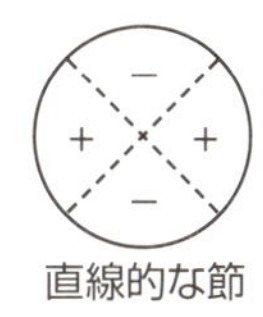

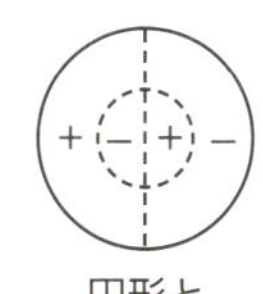

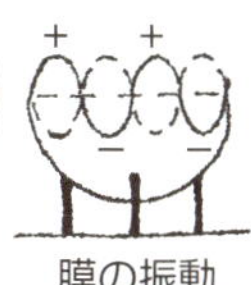

50 電子の位置は確率的にしか求まらない

節をもたない1s軌道

原子核の電子の運動も波の性質を示し、定常波として存在しています。ただし、2次元の太鼓と違って、原子核の周りの場合は3次元になります。

まず、空間中に節をもたない定常波から考えてみましょう。2次元の場合は円形の波形でしたが、3次元では球状になります。また、太鼓の膜は縁が固定されて縁の振幅がゼロでしたが、原子の場合は、原子核から遠く離れて電子が存在する確率がゼロです。そこが共通で、この条件はどの波形の定常波も同じです。

電子の存在する位置は、確率的にしかわかりません。そこで、水素原子の原子核を真ん中にして、ある時間に写真を撮って、電子の位置を特定します。また別の時間に写真を撮って位置を特定します。それを重ねて、電子がどの辺りに存在しているのか見てみましょう。水素原子の写真をたくさん撮って、1枚ずつ電子の位置を特定し、それを1枚に重ねたら、中心に電子がたくさんいるような写真が得られます。この濃淡が電子の空間的な存在確率を表します。

原子核からの距離をパラメータにとると、52・9ピコメートル［pm：ピコは10^{-12}］のところで電子が存在する確率がもっとも高くなります。このグラフを「動径分布関数」と呼びます。動径分布関数によって、電子が原子核からどれくらい離れたところに確率的に多く存在するかがわかります。節をもたない波が最長の波長、すなわち最小の振動数の波になります。電子の存在を表す定常波を「電子の軌道」と呼びます。空間中に節をもたないこの軌道を水素原子の「1s軌道」と呼んでいます。

勘違いしてはいけないのは、電子が振動しながら運動しているのではないのです。定常波と電子の実際の運動は何の関係もありません。電子はいろいろな状態を重ね合わせて、原子核の周りを運動しています。観測すれば位置はわかりますが、どんな運動かは誰にもわかりません。

要点BOX

- 動径分布関数で電子が原子核からどれくらい離れた所に多く存在するかがわかる
- 電子の存在を表す定常波が「電子の軌道」

水素原子の中の電子の状態　～ 1s軌道

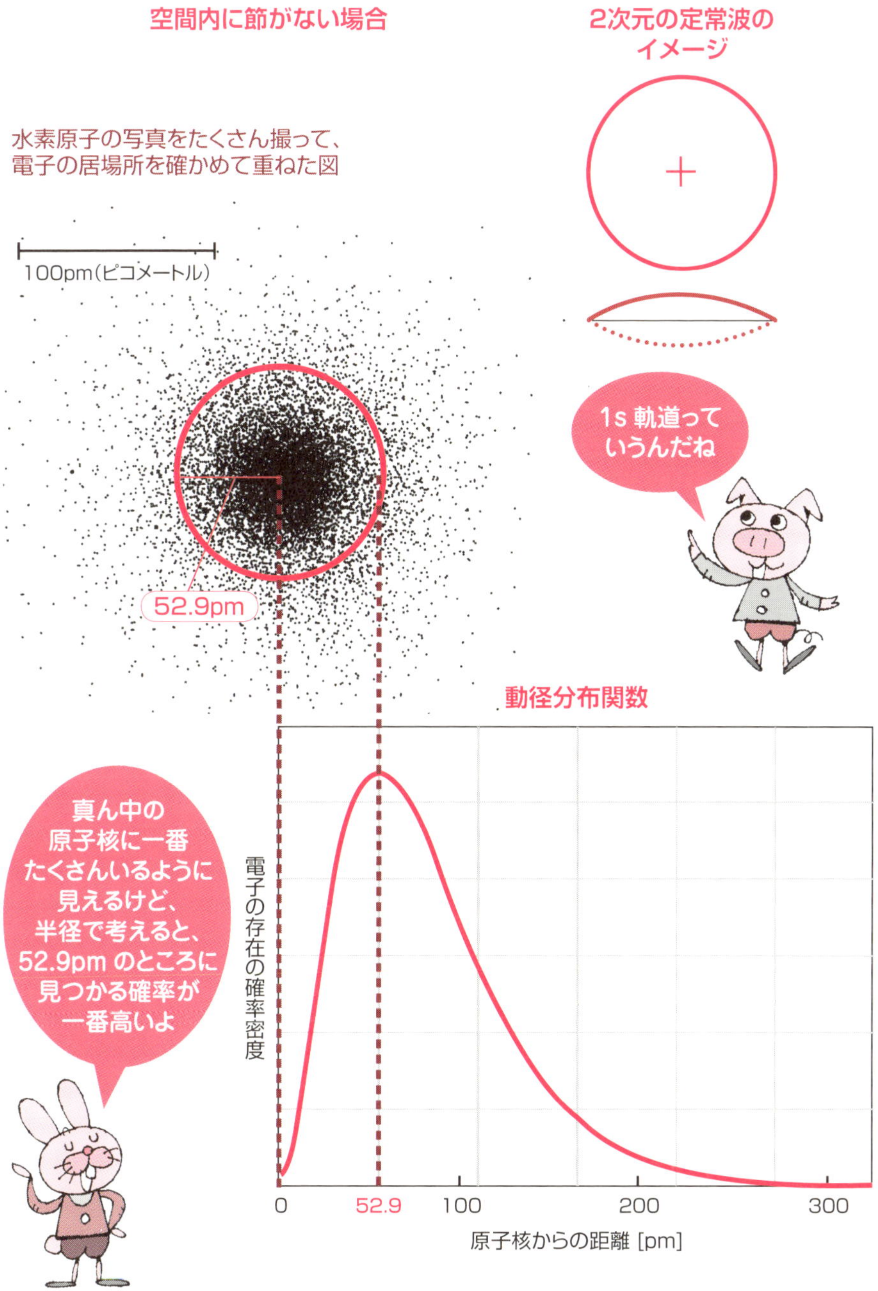

51 節が1つのp軌道

p軌道はx、y、z方向に3つある

水素原子の中の電子の状態として、1s軌道が空間内に節をもたない定常波に対応していますが、次はどうでしょうか。2次元で考えると、節を1つもつ波は、円形の節の場合と直線の節の場合の2つあります。そこでまず、円形の節（3次元では球殻状の節面）を1つもつ定常波を考えてみましょう。

この新しい軌道の電子の存在確率を原子核のところで切った断面図の点の濃淡で表してみましょう。1s軌道と異なり、原子核の近くに節があります。節面は、振幅ゼロなので、動径分布関数を見ても、そこに電子が存在する確率はゼロです。したがって、存在確率を表す点をみても、ちょうど白くなって抜け落ちていることがわかります。この軌道を「2s軌道」と呼びます。原子核にプラスの電荷があって、マイナスの電荷をもつ電子がその周りにいるわけですが、電子が2s軌道にいる場合、原子核の近くにいることもあり、もっと離れたところにいることもあるのですが、少し離れた106pmの球殻上には絶対に存在しないのです。それより中にいることも、それより外にいることもあるのですが、どうやって存在しないところを往来しているのかはわかりません。

動径分布関数を1s軌道と比較すると、2s軌道に入っている電子のほうが、もっとも存在する確率が高い原子核からの距離が遠いことがわかります。したがって1s軌道よりも、2s軌道のほうが原子核からみて外側にあるといってよいでしょう。

もう1つの直線的な節（3次元では平面的な節面）をもつ定常波を考えてみましょう。この軌道に存在する電子の存在確率を、原子核を通る断面で切って、点の濃淡で表してみます。節面が原子核を通るので、この軌道にいる電子は原子核にはまったく存在しません。この鉄アレイ型の軌道を「2p軌道」と呼びます。動径分布関数で見ると、210pm付近に電子が存在する確率が高いことがわかります。

要点BOX

- 1s軌道よりも、2s軌道のほうが原子核からみて外側にある
- 節が1つの軌道は4つある

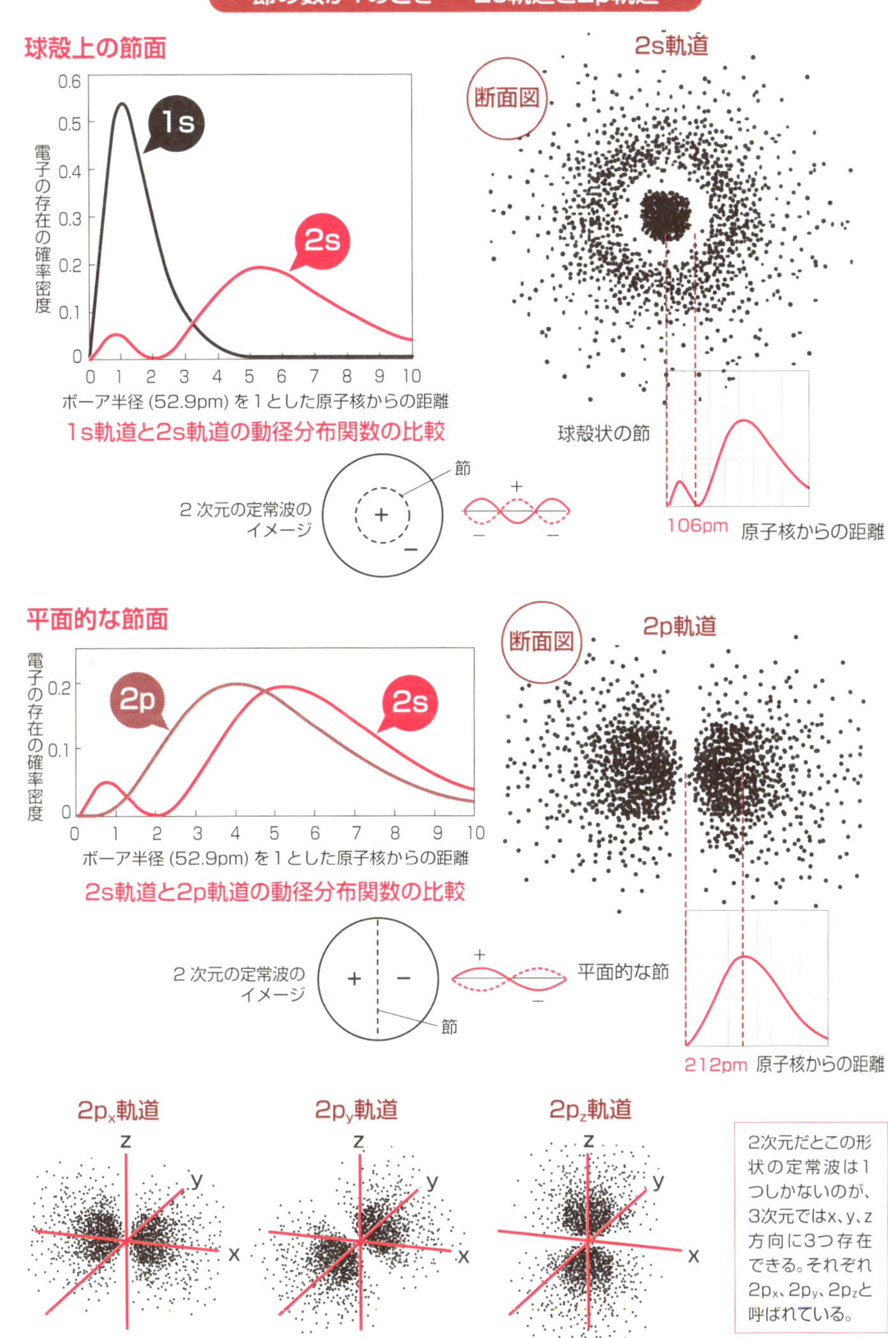
節の数が1のとき ～ 2s軌道と2p軌道
球殻上の節面
1s
2s
電子の存在の確率密度
ボーア半径 (52.9pm) を1とした原子核からの距離
1s軌道と2s軌道の動径分布関数の比較
2s軌道
断面図
球殻状の節
106pm
原子核からの距離
2次元の定常波のイメージ
節
平面的な節面
2p
2s
ボーア半径 (52.9pm) を1とした原子核からの距離
2s軌道と2p軌道の動径分布関数の比較
2p軌道
断面図
平面的な節
212pm
原子核からの距離
2p$_x$軌道
2p$_y$軌道
2p$_z$軌道
2次元だとこの形状の定常波は1つしかないのが、3次元ではx、y、z方向に3つ存在できる。それぞれ2p$_x$、2p$_y$、2p$_z$と呼ばれている。

52 節を2つに増やすと軌道がもこもこできてくる

d軌道は5つある

次は節が2つですが、2次元のアナロジーで3次元を考えるのも難しくなってきました。点の濃淡で存在確率を表しても様子がよくわかりません。実際に例をみてみましょう。

左頁の上から2段目は、空間に節面が2つある場合の軌道の断面図です。まず左端の球殻状の節面のみをもつ定常波では、節面が2つなので、存在確率がゼロの球殻面が2カ所できます。この軌道の形状は球形となり、これを「3s軌道」と呼びます。

次は球殻状と平面的な節面を1つずつもつ軌道をみてみましょう。こうなってくると、点の濃淡で形状をつかむのも難しいので、軌道の形状がわかりやすいように描くようにしましょう。球殻面と平面に電子が存在しない空間があることがわかります。この軌道も2pと同様に、x、y、z軸方向に3つあって、それぞれ$3p_x$、$3p_y$、$3p_z$と呼ばれています。

次に平面的な節面を2つもつ軌道を考えます。風船が4つくっついたような形状になりますが、それぞれ$3d_{xy}$、$3d_{yz}$、$3d_{zx}$、$3d_{x^2-y^2}$と呼ばれています。あと1つ3次元ならではの、円錐形の節面を2つもつ軌道があります。これが$3d_{z^2}$軌道です。さすがにこれは、2次元から予想するのは難しいですね。

節面がない軌道に1を、節面が1つの軌道に2を、節面が2つの軌道に3という番号を軌道の呼び方の最初に付けます。この1、2、3…を主量子数と呼びます。

主量子数と軌道の数には、軌道の数は主量子数の二乗という関係があります。すなわち、1が最初に付く軌道は1^2で1個。2が付く軌道は$2^2=4$で4個。3が付く軌道は$3^2=9$で9個です。

s、p、dはそれぞれ、sharp（鋭い）、principal（おもな）、diffuse（ぼやけた）の頭文字で、その軌道から生じるスペクトルの特徴を表しています。s、p、dに続いてf（fundamental：基本的な）が続きます。

要点BOX

- ●節面＋1を主量子数と呼ぶ
- ●軌道の数は主量子数の二乗
- ●軌道に付けられているs、p、dの意味

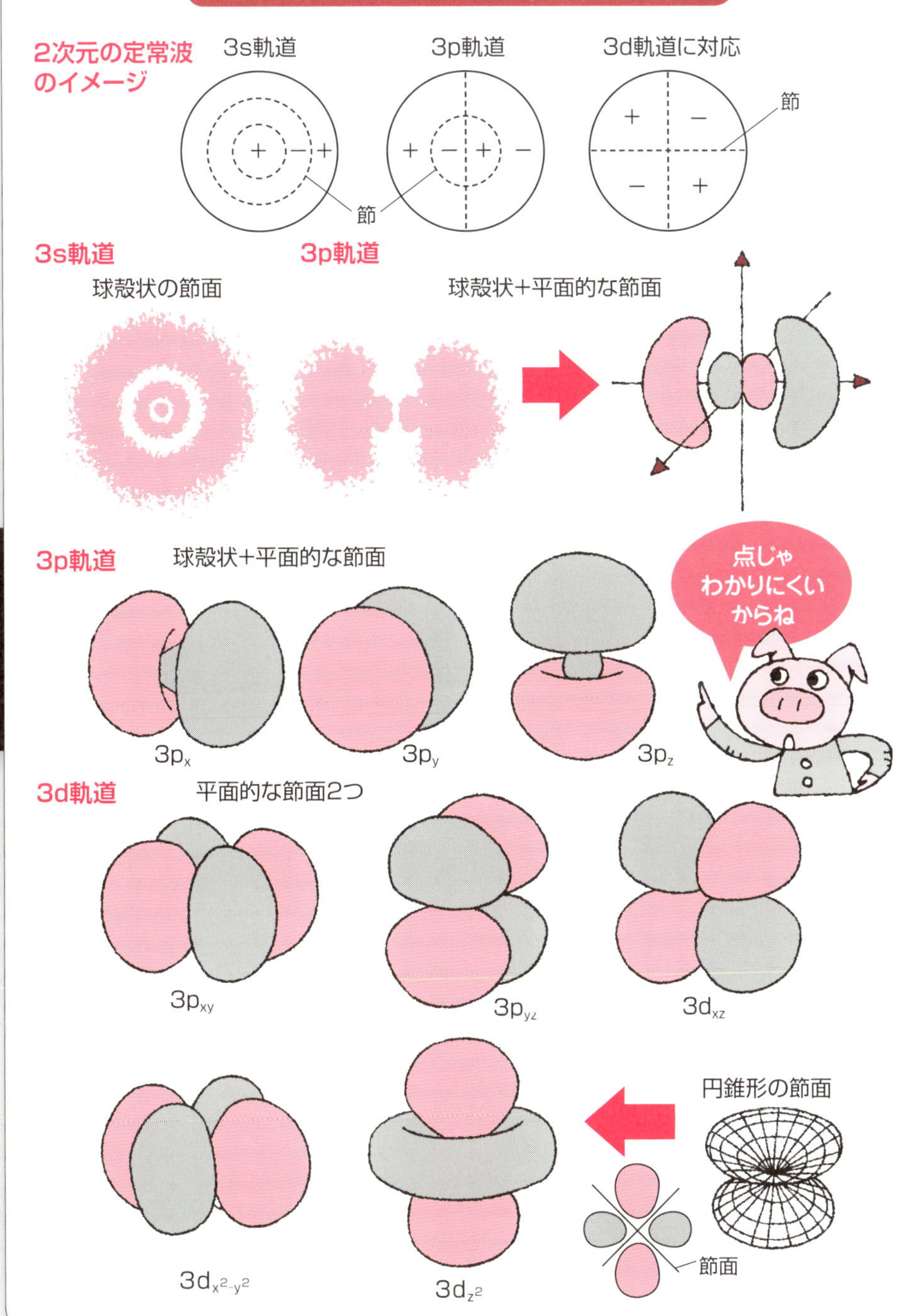

節の数が2のとき ～ 3s軌、3p軌道と3d軌道
2次元の定常波のイメージ
3s軌道
3p軌道
3d軌道に対応
節
節
3s軌道
球殻状の節面
3p軌道
球殻状＋平面的な節面
3p軌道
球殻状＋平面的な節面
点じゃわかりにくいからね
3px
3py
3pz
3d軌道
平面的な節面2つ
3pxy
3pyz
3dxz
3dx2-y2
3dz2
円錐形の節面
節面

53 電子は自転していた～スピンの発見

やはりスピンも2つだけ

波は波長が短いほうが高いエネルギーをもちます。

そこでそれぞれの電子の軌道のエネルギーを比較して、電子がどのように軌道に入っていくのか考えてみましょう。原子核の陽子数が変化する、すなわち、元素が変わると、同じ名称の軌道にある電子であっても、原子核の陽子との相互作用の強さが変化して、エネルギーの値（エネルギー準位）が変わります。たとえば、水素原子の1s軌道とナトリウム原子の1s軌道は、形状は同じですが、それぞれの軌道に入っている電子のエネルギー準位はまったく違います。

ただ、それぞれの軌道に電子が入った場合のエネルギー準位の順序は、おおよそ決まります。まずはその順番を見ておきましょう。

一番エネルギーが低いのは、1s軌道です。エネルギーが高くなる順番に、1s＜2s＜2p＜3s＜3p＜4s＜3d＜4p＜5sとなります。またたとえば2p軌道は、$2p_x$、$2p_y$、$2p_z$の3つがありますが、これらは同じエネルギー準位を示します。

さて、軌道に電子を入れる前に、スピンという量を説明しておく必要があります。1922年にドイツのオットー・シュテルン（1888～1969）とヴァルター・ゲルラッハが、電子は電気的な性質だけでなく、磁気的な性質ももつことを発見しました。電子はあたかも小さな磁石のような挙動を示すのです。そして、なぜかこの性質は磁場をかけたときに、完全に磁場の方向を向くか、逆に向くかの二者択一しかないことがわかりました。これは、私たちのマクロな世界では荷電粒子が自転している際に示す挙動に似ているので「スピン」と呼ばれています。そうすると、電子は2つのスピン状態をとれると表現されます。

ここでもとびとびの性質が出ていて、スピンも連続的にとることはできず、2つだけしかとれません。とにかく、ミクロの世界はいろんな物理量がとびとびにしかとれないようです。

要点BOX

- シュテルン＝ゲルラッハの実験
- 電子は電気的な性質だけでなく、磁気的な性質ももつことを発見

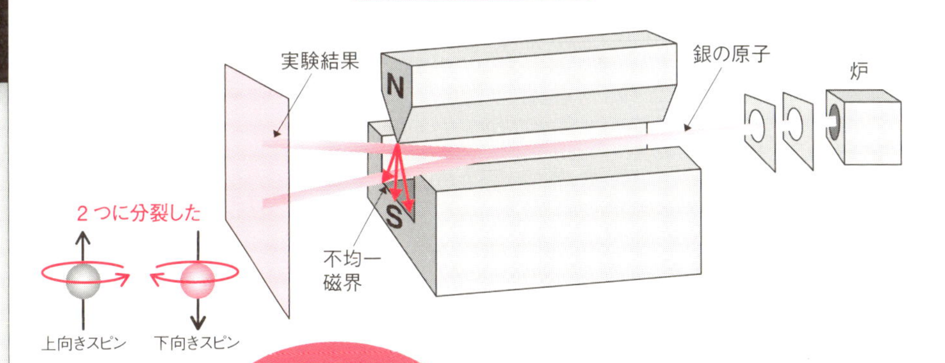

このようなとびとびの状態を「物理量が量子化されている」と表現する。「量子」とは聞きなれない言葉であるが、プランクがエネルギーの最小単位として用いたのが始まりだった。小さなかたまりというイメージで、いまでは、ミクロの世界でとびとびになる微小な物理量の単位や物質などを意味して使われる。

Column

p軌道に4個電子をもっている「16族酸素族」

16族は酸素O、硫黄S、セレンSe、テルルTe、ポロニウムPoを言います。この元素は、p軌道に4個電子をもっています。フントの規則にしたがって、電子はできるだけお互いに離れて存在しようとします。そのため3つのp軌道のうち1つのp軌道に2個、残りの2つに1個ずつ電子が入ることになります。2個のp軌道が半分埋まっているので、あと2個、電子をもらえば、3つのp軌道は埋まって貴ガスの電子配置になります。

陽イオンになりやすい元素から電子を2個奪うと-2価の陰イオンになります。1族と2族元素と作る酸化物はイオン結合性が高く、酸素原子は酸化物イオンO^{2-}になっていると考えています。一方、相手と電子を2個共有することによっても、p軌道を埋めることが可能ですがこの場合、結合の手が2つになります。酸素分子や水分子がそれにあたります。

酸素はフッ素に次ぐ大きな電気陰性度をもっています。酸素分子は、共有している電子を引き付けたくて仕方ないのです。そのため、水素と結合した水分子では、H原子の1s軌道の1個の電子とO原子の2p軌道の1個の電子を互いに共有していますが、酸素の原子核の方に偏っています。水分子はH_2Oですが、O原子の2p軌道の1つがもともと埋まっているので直線状ではなく104・5°の角度でくの字に曲がった形をしています。そして酸素原子側が少し負に帯電し、水素原子側が正に帯電しています。このような分子を極性分子と呼びますが、極性分子は分子どうしでクーロン力を及ぼしあい特異的な性質を示すことがあります。そのような作用をあたかも分子どうしが弱く結合しているように見えるので、「水素結合」と呼んでいます。

水の水素結合は水の特異的な性質をもたらしています。たとえば水はその小さな分子量から考えられるよりもずっと高い融点や沸点をもっています。また、蒸発するために必要な熱量も大きくなります。

固体の水よりも、液体の4℃の水の方が、密度が大きく重たいために氷が水に浮きます。また多くの化合物をよく溶かすことができます。これは水分子が極性をもつために、イオンになってエネルギーを低くしたり、分子の周りを取り囲んで水和という作用で安定化するためです。このような変わった性質をもつ水がたっぷりあるおかげで、生命が地球に存在できるのです。

第6章

電子を軌道に入れていく

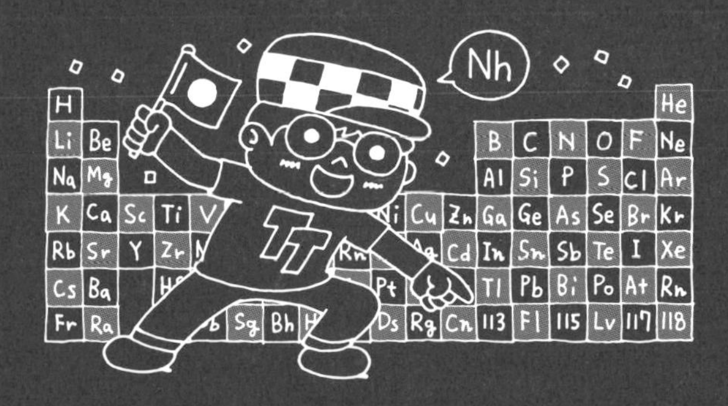

54 電子はこの約束に従って軌道に入る

実にシンプルな決まりごと

軌道のエネルギーは電子が入ったときにもつエネルギーです。本章ではいよいよ、電子を軌道に入れていきますが、次のような約束事があります。

【基本原理】電子はエネルギーの低い軌道から入っていく。

【パウリの排他原理】1つの軌道には異なるスピンをもつ電子2つしか入ることができない。

【フントの規則】同じエネルギーの軌道に電子を入れる場合、できるだけスピンの向きをそろえて異なる軌道に入る。

これだけです。実にシンプルです。原子番号の順番に入れていきましょう。水素原子は電子が1個ですから、もっともエネルギーの低い1s軌道に1個入ります。ヘリウム原子はもう1個入りますが、1s軌道にはまだ空きがあるので、そこに入ります。2個の電子のスピンは自動的に逆に入ります。

第2周期のリチウム原子でも、エネルギーの一番低い1s軌道に入りたいのですが、「パウリの排他原理」が立ちはだかります。そこで1つエネルギーの高い2s軌道に入ります。Beでは2s軌道に電子が2個入り、2s軌道は埋まります。Bでは次の2p軌道に入っていきます。2p軌道は$2p_x$、$2p_y$、$2p_z$と3つありますが、どれも等価なのでどれかに入ります。次のCでは、フントの規則により、まだ電子の入っていない空の2p軌道にスピンを同じにして入ります。さらにNではまだ入っていない2p軌道にスピンを同じにして電子が入り、3つの2p軌道それぞれに1個ずつ電子が入ります。電子はマイナスの電荷をもつため、近くでは反発するので、別々の軌道に入って、できるだけ離れて存在するのです。

次の酸素原子では、半分埋まった2p軌道のどれかに、スピンを逆にして入ります。これで3つの2p軌道のうち1つが埋まりました。このとき、やはりフントの規則より、2p軌道を2つ埋めて1つを空にするということは起こらず、できるだけバラバラに入ろうとします。

要点BOX
- ●電子はエネルギーの低い軌道から入っていく
- ●パウリの排他原理とフントの規則
- ●軌道に電子が2個入ると軌道が「埋まる」

電子軌道への電子の入り方と周期表

周期＼族	1	2	13	14	15	16	17	18
1	H	He						
2	Li	Be	B	C	N	O	F	Ne
3	Na	Mg	Al	Si	P	S	Cl	Ar
もっともエネルギーの高い軌道の電子数	s軌道 電子1個	s軌道 電子2個	p軌道 電子1個	p軌道 電子2個	p軌道 電子3個	p軌道 電子4個	p軌道 電子5個	p軌道 電子6個

（各元素の軌道：1s、2s、2p、3s、3p、4s）

1つの軌道に3個禁止　パウリ

周期表の族は、一番外の電子が入っている軌道の状態が似ている。

パウリの排他原理
1つの軌道には異なるスピンをもつ電子2つしか入ることができない。

フントの規則
同じエネルギーの軌道に電子を入れる場合、できるだけスピンの向きをそろえて異なる軌道に入る。

ヴォルフガング・パウリ
（1900年～1958年）

フリードリッヒ・フント
（1896年～1997年）

55 同じ1s軌道でも大きさもエネルギーも全然違う

内側の軌道の電子は取り出すのが大変

フッ素原子ではさらに電子が1個入り、2p軌道を2つ埋めることになります。そして、ネオン原子になって、3つの2p軌道にそれぞれ電子が2個ずつ入って、2p軌道がすべて埋まります。

次のナトリウム原子では、2p軌道の次にエネルギーの高い、3s軌道に新しく電子が1個入ります。そしてマグネシウム原子では、その3s軌道に電子が2個入り、3s軌道は埋まることになります。

さてここで、s軌道に、一番エネルギーの高い電子を1個もつ、水素H原子とナトリウムNa原子を比べてみましょう。中央に原子核をおいて、その周りを電子が、太陽の周りをまわる惑星の軌道のように描かれているようなイメージ図を見ますが、実際はどうなっているのでしょうか。それぞれの原子を、同じ大きさで拡大して、電子が平均的に存在する確率が高い場所を、軌道ごとに表してみましょう。

同じ1s軌道でもNa原子の1s軌道の半径は、H原子の1s軌道の半径の10分の1になっています。ぎゅっと原子核に引きつけられて、とても低くなっています。そのエネルギーはなんと−1071eV！　H原子の1s軌道のエネルギー−13.6eVと比べて、とんでもなく低い値です。Na原子の1s軌道の電子は、Na原子核にある11個の陽子から、大きなクーロン力で引っ張られて、原子核の近くに束縛されて存在領域もずっと小さくなっています。この1s軌道の電子を外に取り出そうと思ったら、H原子のイオン化エネルギーの80倍ものエネルギーを与えることが必要なのです。

Na原子の他の軌道のエネルギーも見てみましょう。図では普通目盛りでは描けないので、縦軸を対数的に表示しました。2s軌道と2p軌道はほとんど同じ大きさで、H原子の1s軌道よりも半径は小さく、エネルギーも低いことがわかります。このように、一番外以外の内側の軌道の電子は、強いクーロン力で原子核の周りに引き付けられていることがわかりますね。

要点BOX

- ●Na原子の1s軌道の半径は、H原子の1s軌道の半径の10分の1
- ●取り出すには80倍のエネルギーが必要

水素原子とナトリウム原子の比較

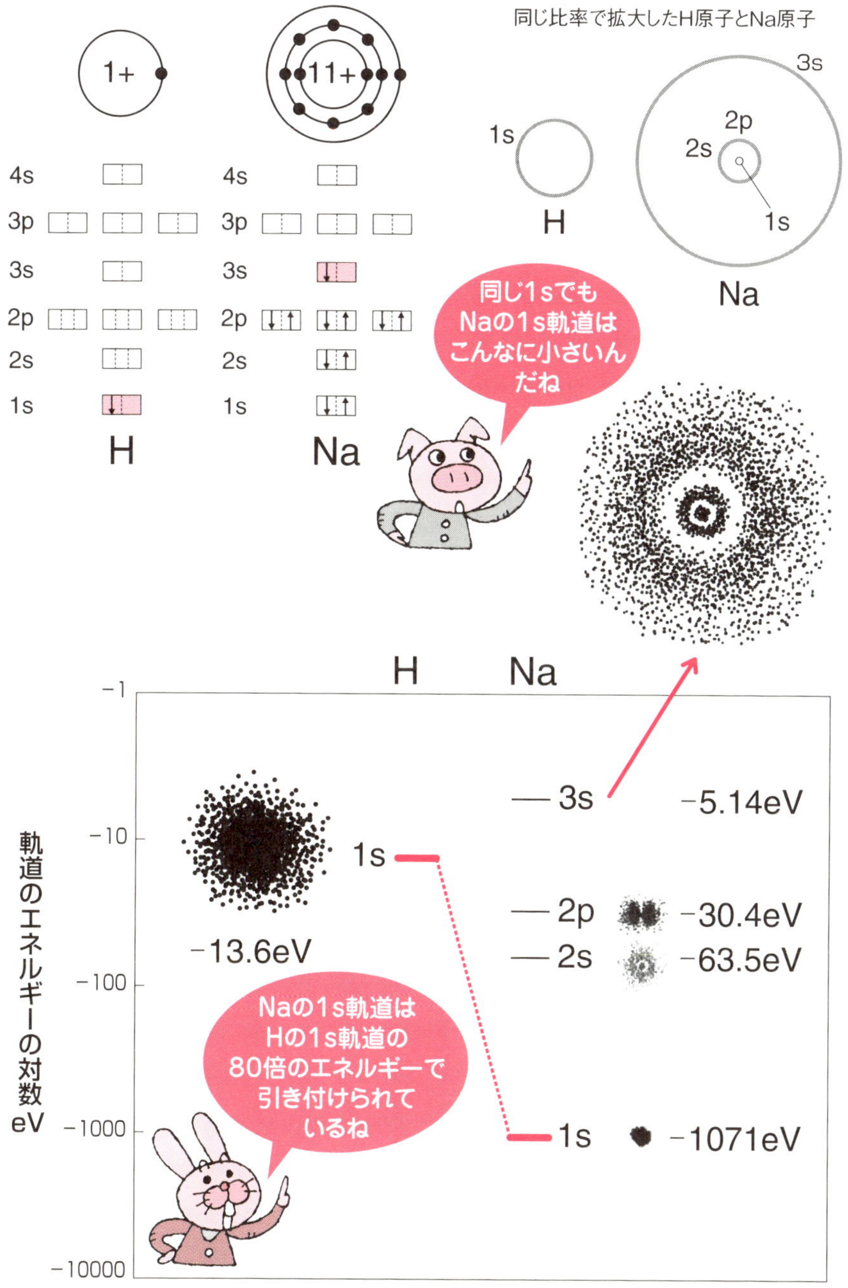

1+

11+

4s				4s			
3p				3p			
3s				3s		↓	
2p				2p	↓↑	↓↑	↓↑
2s				2s		↓↑	
1s		↓		1s		↓↑	

H　　Na

同じ比率で拡大したH原子とNa原子

1s

H

3s

2p

2s

1s

Na

同じ1sでも
Naの1s軌道は
こんなに小さいん
だね

H　Na

軌道のエネルギーの対数
eV

−1

−10

−100

−1000

−10000

1s

−13.6eV

3s　−5.14eV

2p　−30.4eV

2s　−63.5eV

1s　−1071eV

Naの1s軌道は
Hの1s軌道の
80倍のエネルギーで
引き付けられて
いるね

56 各軌道のエネルギーを原子番号順に並べると

内側の軌道はクーロン力の増加が半端ではない

ここでは、それぞれの軌道のエネルギーを原子番号順に並べて、変化をみてみましょう。左頁の上の図に、計算で求められた、軌道のエネルギー準位を横線で、電子が入っているときはその個数を黒い●で示しています。まず、s軌道もp軌道も、原子番号が増えて電子が入っていくとともにそのエネルギーは低下します。

たとえば、2p軌道に電子が1個入った原子番号5のホウ素B原子と2個入った原子番号6の炭素C原子を比較します。Bでは、電子は、3つのp軌道のどれか1つに入って+5の電荷をもつ原子核に引き付けられています（実際には内側に電子が4個あるので、遮蔽効果によって+1程度を感じるだけです）。Cになると、電子は、3つある軌道のうちの2つにバラバラに入ります。電子同士は同じマイナスの電荷で反発し合うので、できるだけお互いに離れたいためバラバラに入ります。2p軌道の2個の電子は等価で、原子核からは確率的にほぼ同じ距離にいるので、お互いの電子からの遮蔽効果は弱く、正電荷が+6に増加している影響を大きく受けます。そのためより強く相互作用し、軌道を小さくし、エネルギー的にも低く安定になります。これが原子番号が増えて軌道に電子が入っていくとその軌道のエネルギーが下がる理由です。

18族のHe、Ne、Arはそれぞれ2s、2p、3p軌道が電子で埋まり、その軌道のエネルギーが低くなっていることがわかります。また、いったん電子で埋まってしまった内側の軌道のエネルギーは、原子番号の増加とともに、激しく低下します。原子番号とともに原子核のプラスの電荷が増えていくので、クーロン力の増加が半端ではないことを示しています。

さて、第一イオン化エネルギーは、それぞれの原子のもっとも高い電子のエネルギー準位と、符号が逆で絶対値は等しいはずです。実際に測定された第一イオン化エネルギーの符号を変えて、計算で求められた上図に重ねてみました。よく一致していますね。

要点BOX

- 同じ軌道のエネルギーは、原子番号の増加とともに、激しく低下していく
- 原子核は原子番号とともにプラスの電荷が増加

原子番号順に並べたときの電子軌道のエネルギーの変化

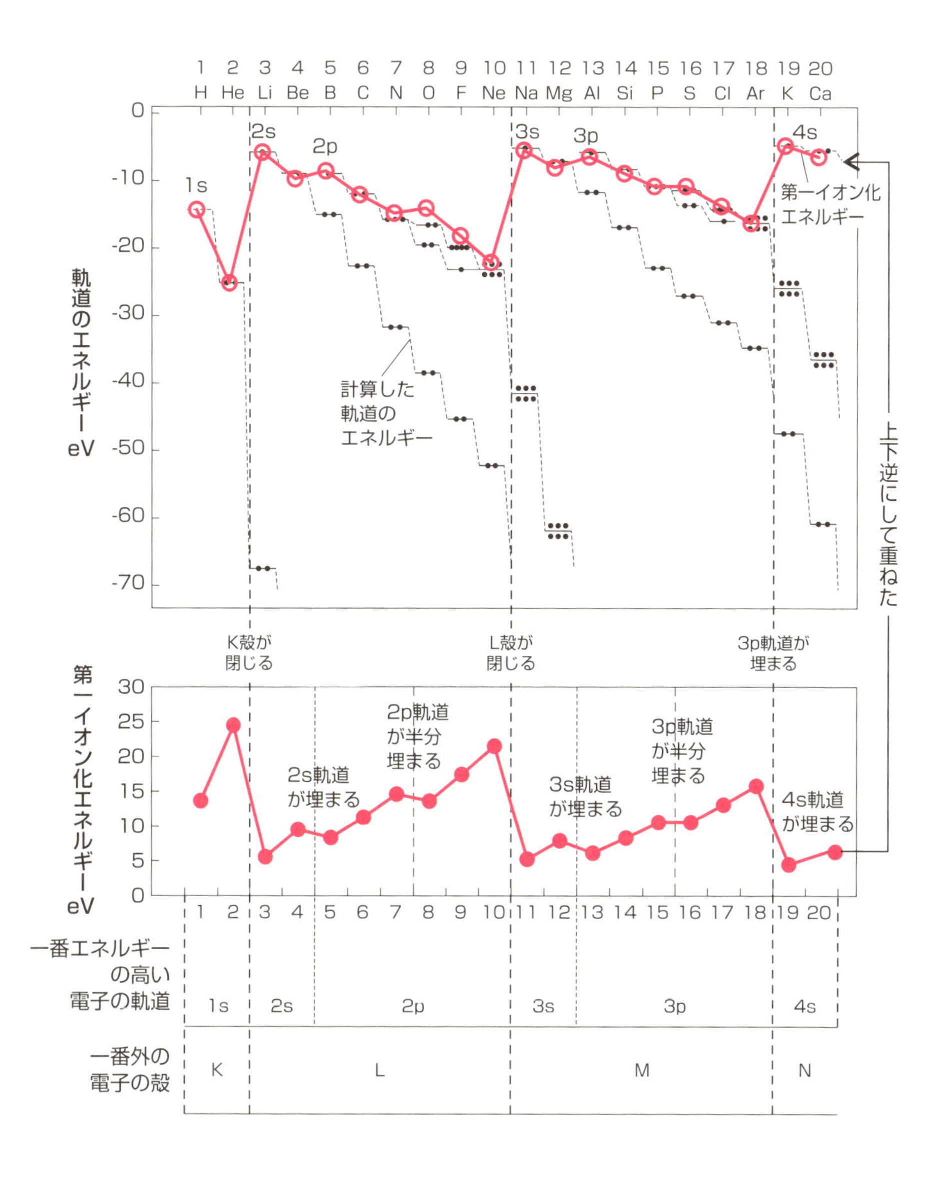

主量子数を等しくする軌道をまとめて殻を形成していると見なし、主量子数1、2、3、4に対してK殻、L殻、M殻、N殻と名付ける。K殻～1s、L殻～2s,2p、M殻～3s,3p,3d、N殻～4s,4p,4d,4fとなる。

57 もし排他原理がなかったら

大きさとエネルギーが似ている軌道を「電子殻」と呼んだ

主量子数1、2、3に対応する軌道をまとめてK、L、M殻と名付けています。殻のイメージを、原子番号19のカリウムを例にして考えてみましょう。カリウムのもつ軌道を同じ大きさで拡大して、電子の存在確率が高いところを示します。4s軌道に比べて、主量子数1の1s軌道の半径はおよそ20分の1になります。これがK殻に対応します。

主量子数2の2sと2p軌道は、ほぼ同じ大きさで、大きさも同じなので、エネルギーも似た値をとります。つまり、2sと2p軌道の電子は同じ辺りに存在しており、そのエネルギーも似ているので、この複数の軌道が殻をつくっていると見なしてL殻と呼ぶのです。これが殻のイメージです。

主量子数3の3sと3p軌道も、大きさもエネルギーも似ているので、これらがM殻を作っていると考えます。ただし本来はM殻には、3d軌道もあるのですが、これは4s軌道よりもエネルギーが高いので、カリウムでは先に4s軌道、すなわちN殻に電子が入ります。

56項で述べたように、He→Li(1s→2s)、Ne→Na Ne→Na(2p→3s)、Ar→K(3p→4s)は、第一イオン化エネルギーの大きな低下を示します。その原子の大きさの変化を見ましょう。新しいs軌道はどれも大きくなります。原子核から離れるほど、エネルギーは高くなりますから、その軌道にある電子は取れやすく、第一イオン化エネルギーが小さな理由です。エネルギーの低い軌道に入る電子の数に制限があることが、本質です。パウリの排他原理のために、高いエネルギーの軌道に入らざるを得ないのです。

もし排他原理がなかったら、どうなるでしょうか。そのときすべての電子は、1s軌道に入ります。それがエネルギー的にもっとも低くて安定だからです。そうすると、たとえばHe→Liへの半径の増加は起こらず、LiはHeよりも安定になり、それ以上の原子は小さくなるだけでひたすら反応しなくなります。

要点BOX

- 排他原理がなかったら、すべての電子は1s軌道すなわちK殻に入る
- どんどん安定になり、まったく反応しない

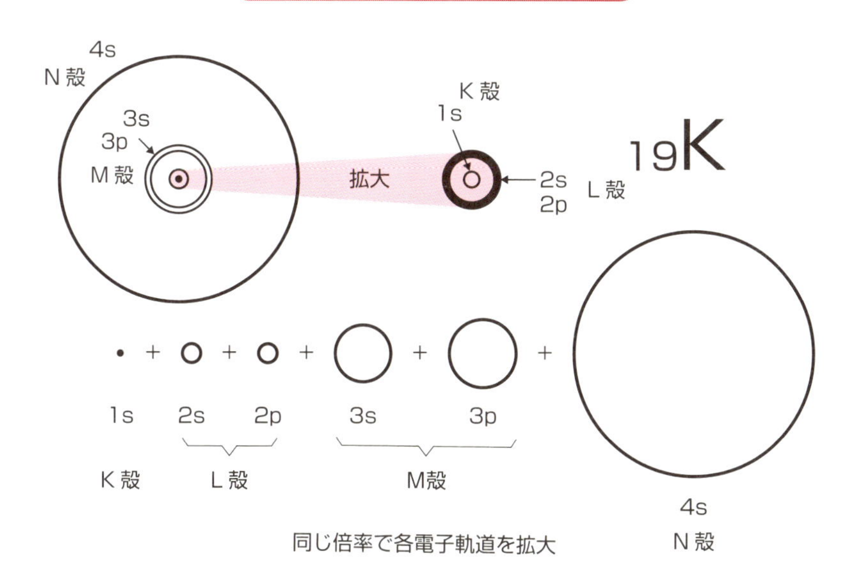
カリウム原子の軌道の大きさと殻
4s
N 殻
3s
3p
M 殻
拡大
K 殻
1s
2s
2p
L 殻
19K
1s
2s
2p
3s
3p
K 殻
L 殻
M殻
4s
N 殻
同じ倍率で各電子軌道を拡大

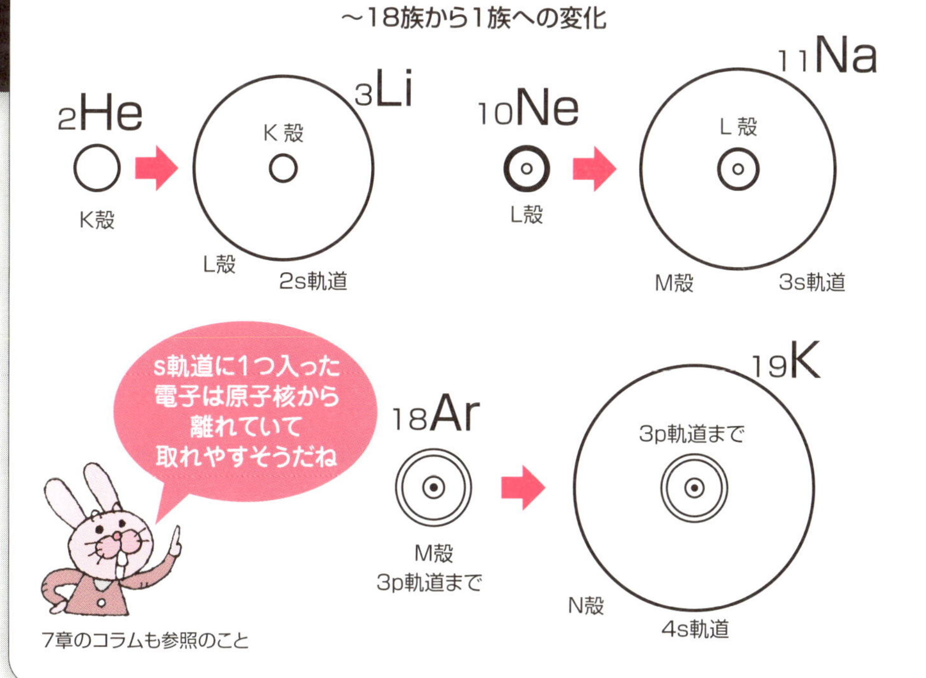
新しい殻に電子が1個入るときの原子の大きさの変化
〜18族から1族への変化
2He
K殻
3Li
K 殻
L殻
2s軌道
10Ne
L殻
11Na
L 殻
M殻
3s軌道
s軌道に1つ入った電子は原子核から離れていて取れやすそうだね
18Ar
M殻
3p軌道まで
19K
3p軌道まで
N殻
4s軌道
7章のコラムも参照のこと

58 電子親和力も軌道で理解できる

安定な電子配置は電子を受け取らない

電子親和力の周期性も軌道への電子配置で理解できます。基本的な考え方は、第一イオン化エネルギーと同じで軌道のエネルギーの問題です。典型元素のみを考えます。

18族貴ガスのHe、Ne、Ar、Kr、Xeは、中性原子自体で安定しているので、電子親和力はゼロか、それ以上電子を受け取りません。したがって電子親和力はゼロか、あるいは電子を余分に1個くっつけるためにむしろエネルギーを必要(このとき電子親和力は負)とします。

逆に、貴ガスより電子が1個少ない元素の場合、電子を1個もらって安定化してエネルギーを放出するでしょう。18族の1つ前の17族ハロゲンを見ましょう。F、Cl、Br、Iはp軌道に電子を5個もっており、あと1個の電子でp軌道が埋まり、エネルギー的に近い軌道が埋まります。貴ガスとは陽子数が異なり、-1価の陰イオンになりますが、電子同士の反発よりも、陽子と引き合う効果のほうが大きく、大きな電子親和力を示します。

2族のBe、Mg、Ca、Sr、Baはs軌道が2個の電子で埋まっているため安定です。それらの元素の電子親和力はほとんどゼロで、それ以上の電子は自発的にはくっつきません。そうであれば、s軌道に電子が1個しかない1族元素は、あと1個電子をもらえばs軌道を埋めて安定化します。確かに1族元素の電子親和力はプラスでs軌道を埋めて安定化することがわかります。

p軌道が半分埋まるときは少し安定化しています。15族元素N、P、As、Sbは、p軌道が埋まっていないので、電子を1個もらって安定化するため電子親和力は正ですが、その両側の14、16族元素よりも電子親和力は小さくなります。

それはもともとp軌道が半分埋まっているために、電子の入った軌道が安定化してエネルギー的に低くなっているためです。

要点BOX

- ●大切なのは軌道に電子が入って埋まるかどうか
- ●2、15、18族は電子を受け取らない
- ●17族は1個電子をもらって貴ガス構造に

典型元素の第一イオン化エネルギーと電子親和力と電子の軌道・殻

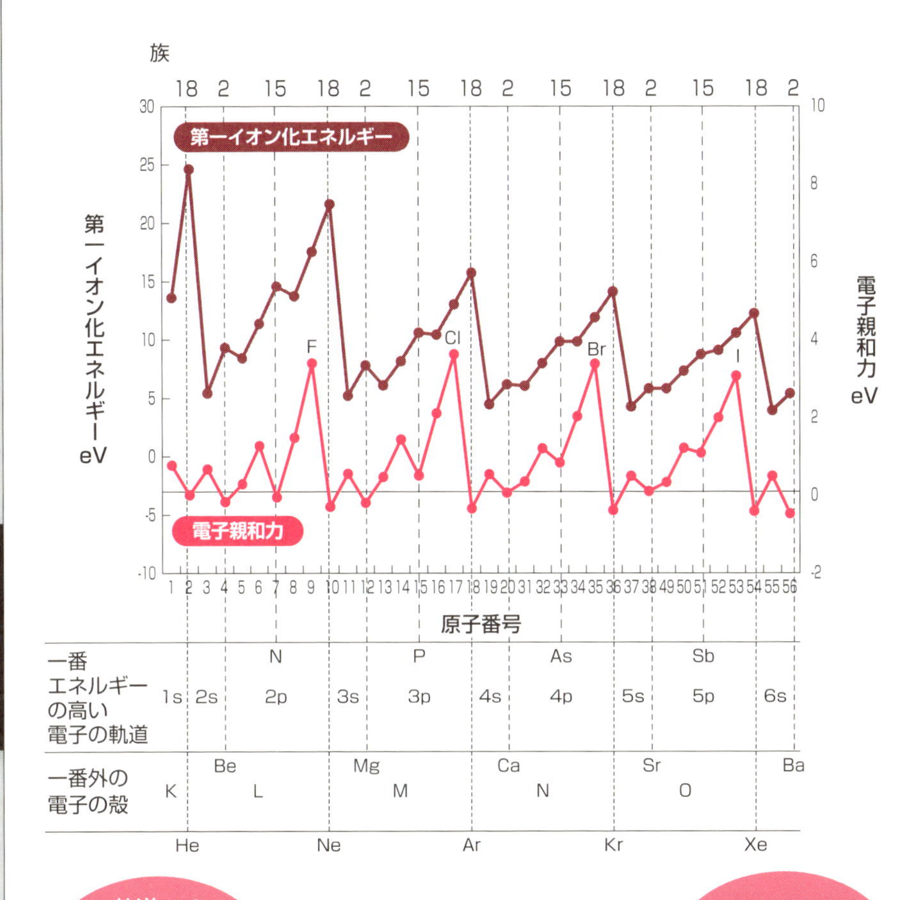

59 周期表と電子配置

周期表は原子の軌道電子配置で理解できる

改めて、周期表と軌道への電子配置を整理しておきましょう。主量子数の1、2、3…は、電子の軌道が空間にもつ節面（電子の存在確率がゼロになる場所）の数で決まります。（主量子数）＝（節面の数）＋1の関係になります。

それぞれの主量子数に対して、その主量子数の二乗個の電子軌道が存在します。それらの軌道は節面の形状で分類され名前が付けられています。節面の形状が球殻形のときはs軌道、節面が平面的で基本的に空間を大きく2つに分け、それと球殻形の節面が組み合わさるときはp軌道、平面を分ける節面が複数個組み合うか、あるいは円錐形の節面をもつときをd軌道と呼んでいます。節面の形状で分けているので、主量子数が異なっても、s、p、d軌道のそれぞれの形状は似ています。1s軌道は節面がありませんが、軌道の形状が球殻形なのでs軌道に分類されます。

周期表の族は、その原子がもつ電子の中でもっともエネルギーの高い電子が入っている軌道とその軌道に入っている電子の数で決まります。1族はs軌道に電子が1個入った元素です。2族はs軌道に2個目の電子が入っています。3～12族までは5個のd軌道に、電子が順番に入っていきます。これが遷移元素です。12族はちょうどd軌道が埋まります。13族はp軌道に1個電子が入り、15族でちょうど3個あるp軌道に、フントの規則に従って、それぞれ1個ずつ電子が入っています。18族では、p軌道に6個電子が入って、ちょうどp軌道が埋まります。

化学反応や状態変化に関係するのは、一番エネルギーの高い状態の電子です。エネルギーの低い内殻電子は、その原子の原子核にがっちりクーロン力で引き付けられてしまって、他の原子と新しくクーロン力を及ぼしたりすることができません。周期表は一番エネルギーの高い電子の状態で分類されているために、同族では似た化学的性質を示すのです。

要点BOX

●化学反応や状態変化に関係するのは一番エネルギーの高い状態の電子

●同族では似た化学的性質を示す

電子配置と周期表

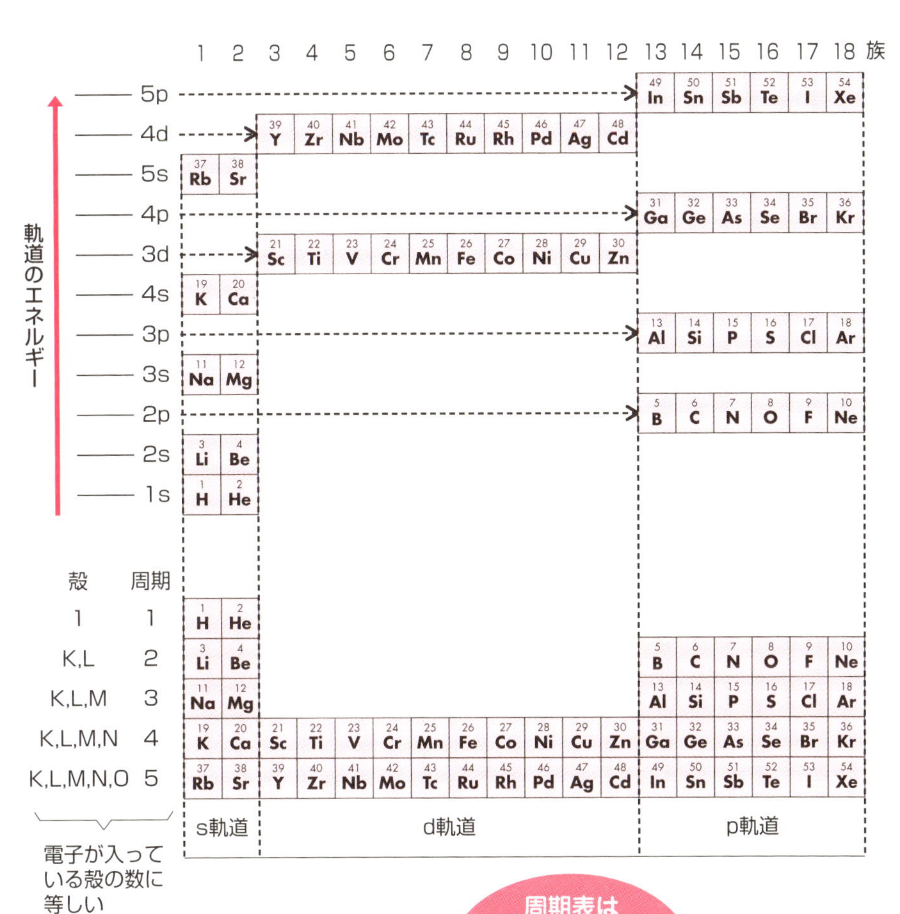

周期表は原子の軌道への電子配置を反映していたんだね

メンデレーエフが分類という方法を用いて見つけ出した周期表は、原子の軌道への電子配置で理解できる。

Column

周期表の右端1つ手前にある「17族ハロゲン族」

　周期表の右端1つ手前が17族ハロゲンです。フッ素F、塩素Cl、臭素Br、ヨウ素Iがあります。18族貴ガスの1つ手前というところがポイントです。ハロゲン族の元素はp軌道に電子が5個入っています。p軌道には電子は全部で6個入れるので、まさにあと1個電子をもらえれば貴ガスの電子配置になって安定化します。つまり、電子をあと1個欲しくて仕方がない元素たちです。そのため無理やり相手から電子を1個奪って、自分は−1価の陰イオンになることが多い元素です。

　ただしどの族でも同じ傾向にありますが、原子が大きくなると、原子核からの束縛が弱くなります。それが、軌道が大きくなることにあらわれるわけですが、ハロゲンでも同じです。特に小さなフッ素原子は電子が1つ欲しくて仕方ありません。電子親和力(3.4 eV)では同族の塩素原子(3.6 eV)に負けますが、電気陰性度はすべての元素の中でもっとも大きいです。つまり結合を作った時に、電子を引き付ける力は元素ナンバーワンということです。そのため単体のフッ素分子は極めて高い反応性をもちますが、いったん電子を1個もらって貴ガスの電子配置にしてしまうと、その状態はきわめて安定になります。

　みなさんも家庭で、炭素原子とフッ素原子がつながったフッ素樹脂で、表面を覆っているフライパンを使われていると思います。耐熱性もあり、焦げつきにくいので重宝されています。

　塩素も活躍しています。反応性が高いことを利用して、水道水の殺菌に使われています。夏場、水道の水が塩素臭いのは誰しも経験したことがあるでしょう。しかしあの塩素臭さが、水道水が正常に殺菌されている証拠でもあるのです。塩素はとにかく問答無用で相手から電子を奪ってしまいます。そのためウイルスや病原菌の細胞膜を破壊して、死に至らしめます。それが殺菌ですが、要するに全身やけどさせて殺しているようなものです。もし水道水が殺菌されていなかったとしたら、伝染病が広がりとんでもないことになります。

第 7 章

もっと元素のことを知ろう
—典型元素—

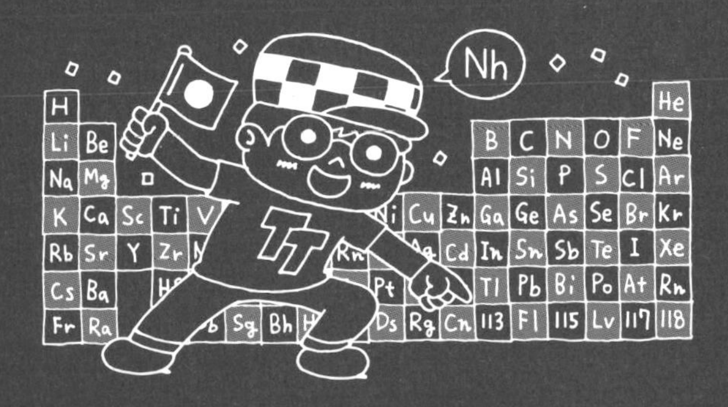

60 元素の化学的性質

軌道への電子配置で理解できる場合が多い

元素の化学的性質も、軌道への電子配置で理解できる場合が多くあります。身の回りに安定に存在するモノは、巨視的には化学的なエネルギーが減少した結果、生成した場合が多いのです。

たとえば、もっとも小さな原子である水素は、水素原子が2個つながった水素分子として存在するのはなぜでしょうか。あるいは、金属はどのようにしてつながっているのでしょうか。また、塩化ナトリウム（食塩）は巨大な結晶として存在しますが、なぜでしょうか。これらの疑問に対して、電子の状態やそのエネルギーに注目して説明していきたいと思います。

原子の立場から見たモノの安定性は、モノが作る電子軌道への電子配置で理解できます。基本的な考え方は、原子の電子配置と同じです。つまり、

【基本原理】電子は全体のエネルギーが低くなるように軌道に入っていく

【フントの規則】同じエネルギーの軌道に電子を入れる場合、できるだけスピンの向きをそろえて異なる軌道に入る

【パウリの排他原理】1つの軌道には異なるスピンをもつ電子2つしか入ることができない

フントの規則は、分子にも適用できる場合が多いです。エネルギーを低くする原理と、パウリの排他原理は、「原理」なので、証明できません。「原理」とは、証明できないので、なぜかわからないけれど、世の中こうなっていると決めてしまったものです。この2つの基本方針は、普遍的であり、化合物を作るときにも適用されます。

すでに私たちは、軌道が電子で満たされて埋まる場合に、安定になることを知っています。第一イオン化エネルギーより、もっとも安定な元素は18族の貴ガスです。そうすると基本的な考えとしては、貴ガスの電子構造をとれれば、電子配置として安定になるといえるでしょう。この考え方を適用してみましょう。

要点BOX

- ●原子の立場から見たモノの安定性
- ●電子の軌道への配置で理解できる
- ●「原理」は証明できない

身の回りをミクロな目でみてみよう

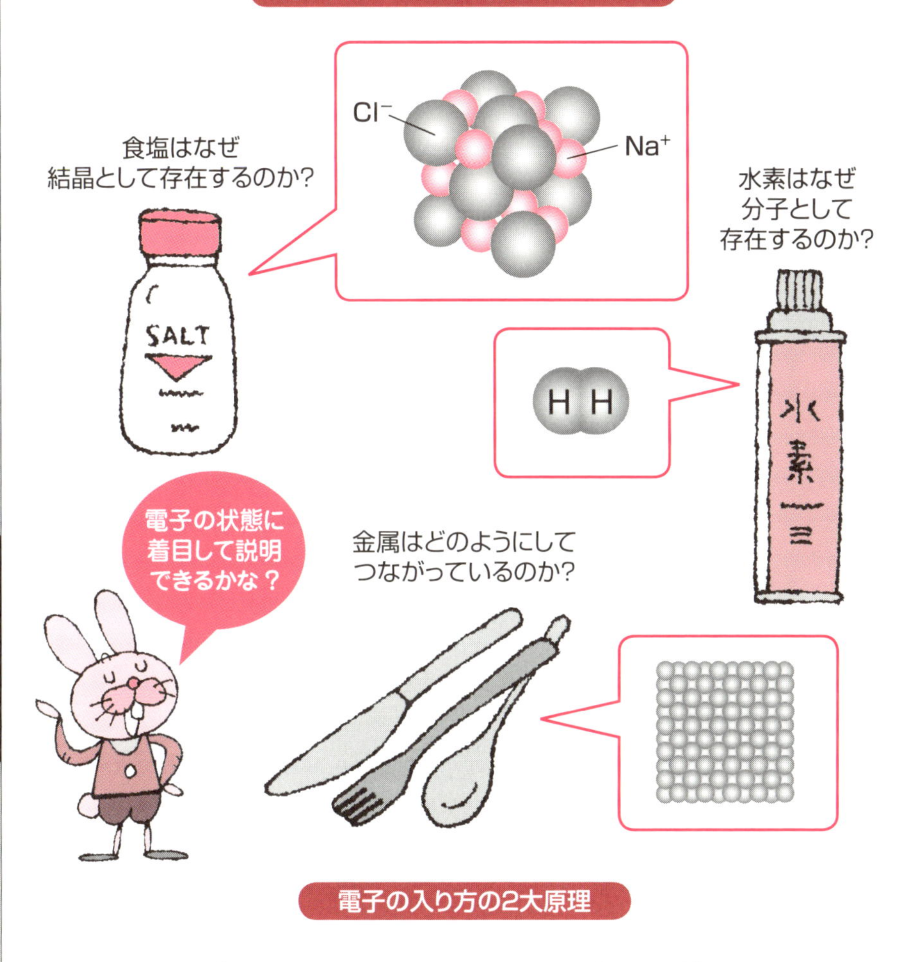

電子の入り方の2大原理

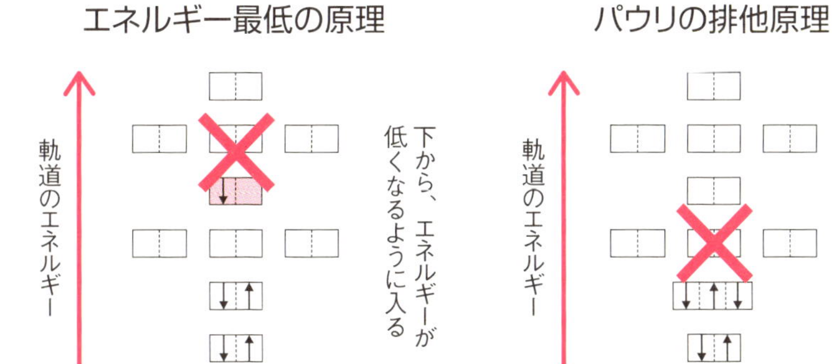

61 水素原子の友好的戦略

水素原子が1s軌道に電子を2個もつために

身近で安定に存在する、もっともシンプルな分子は水素分子です。水素原子から水素分子ができる過程を調べてみましょう。

水素原子は1s軌道に電子を1個もっています。もう1個電子をもらえば、1s軌道が埋まり、貴ガスのHeの電子配置になるので安定になります。たしかに水素原子の電子親和力は0・75eVで、電子を1個もらえば安定になります。しかし電子はその辺に自由にフラフラしているわけではないので、電子だけが欲しいときは別の原子から奪いとる必要があります。

相手から電子を奪いとる以外に、1s軌道にもう1個電子を取り込む方法はないでしょうか。重要なのは他の原子から電子を奪ってくることではなくて、水素原子が1s軌道に電子を2個もつことです。圧倒的な力の差があるときは、無理やりでも電子を奪うことができますが、同じくらいの力の場合は、それは無理です。そこで一転、原子は友好的になります。

1s軌道に電子をあと1個欲しい、水素原子同士を近づけてみましょう。電子がどこに存在しているかは、確率的にしかわかりませんが、クーロン力が働くことについては、私たちの常識が通用します。クーロン力には特徴があります。それは方向性がなく飽和しない力ということです。飽和しないとは、たとえば1つの電子がある陽子とクーロン力で引き付け合っているとします。そのとき反対側から別の陽子が近づいてくると、電子はもとの陽子とクーロン力で引き合いながら、新しく近づいてきた陽子ともクーロン力で引き合えるということです。

マイナスの電荷をもつ電子は、複数の陽子とクーロン力で引き合うことができます。電子が2つの水素原子の陽子の間に存在しているとき、その電子は2つの陽子と同時に引き付け合います。それは、2つの陽子がその間の電子でくっついている状態です。それが、水素分子H_2というわけです。

要点BOX

- ●水素原子はHeの電子配置をとりたい
- ●マイナスの電荷をもつ電子は、複数の陽子とクーロン力で引き合う

水素原子の軌道の安定性

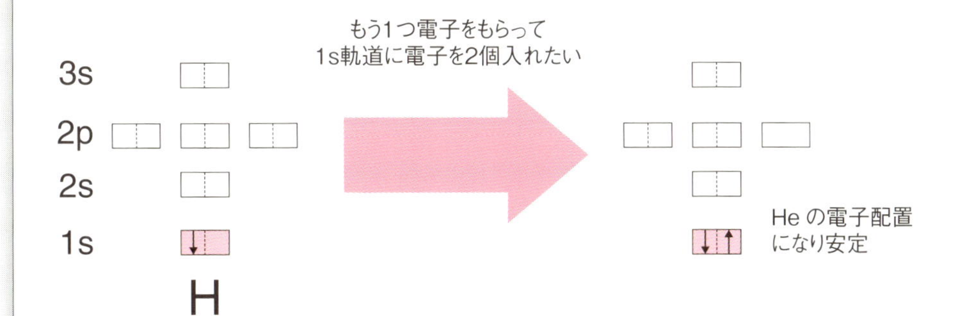

奪うばかりが能じゃない

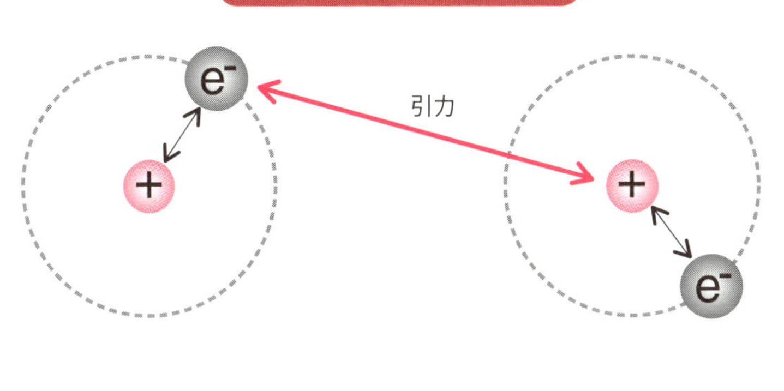

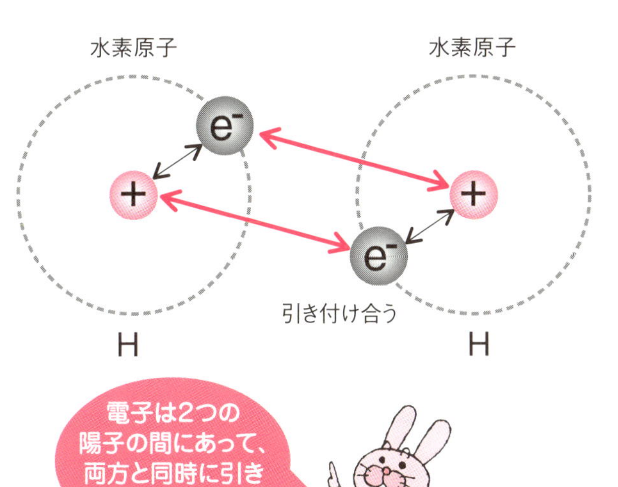

電子は2つの
陽子の間にあって、
両方と同時に引き
付け合うんだね

62 共有結合の本質はこれだ

ポテンシャルエネルギーと運動エネルギーの兼ね合い

水素分子には、電子が2つあります。電子同士は同じマイナスの電荷をもつので反発しますが、2つの陽子の間でお互いを避けながら、それぞれが2つの陽子と同時に引き付け合って安定な状態を作ります。これはもとの水素原子からみると、お互いに電子を1つずつ出し合って、どちらの原子も1s軌道に電子を2個共有したような配置になっています。

力が同じときは、奪うよりも共有して軌道を埋めるという発想の転換です。このような結合の仕方を「共有結合」と呼びます。H_2、N_2、O_2、Cl_2（塩素ガス）、CH_4（メタン）、CO_2（二酸化炭素）などすべて共有結合です。

分子を形成するとき、電子が入る新しい分子軌道を形成したと考えます。一般に、相互作用した原子軌道の数だけ、分子軌道もできます。水素分子の場合、2本の原子軌道が相互作用するので、分子軌道も2本できます。その軌道に電子はエネルギーの低い方から入り、パウリの原理も適用され、1本の軌道に電子は2個ずつ入ります。

共有結合を形成する本質を考えましょう。水素分子の場合、2つの電子はお互いに避け合いながら、2つの陽子と引き付け合ってポテンシャルエネルギーを下げようとします。一方、電子が陽子に引き付けられると、電子の存在する空間が狭くなります。そうすると電子はたちまち落ち着かなくなって激しく運動し始めます。つまり高い運動エネルギーをもつようになります。

結局、電子は2つの陽子間にいる存在確率が高くなると存在する空間が狭くなるため運動エネルギーは高くなります。一方、電子は2つの陽子と相互作用することによって、運動エネルギーの増加以上に、ポテンシャルエネルギーの低下を引き起こし、全体としてエネルギー的に低く安定になります。ポテンシャルエネルギーと運動エネルギーの和の全エネルギーが極小となる状態で水素分子を形成します。これが共有結合の本質です。

要点BOX

- ●力が同じときは、奪うよりも共有して軌道を埋める方法が「共有結合」
- ●H_2、N_2、O_2、CO_2などは共有結合

分子軌道の形成

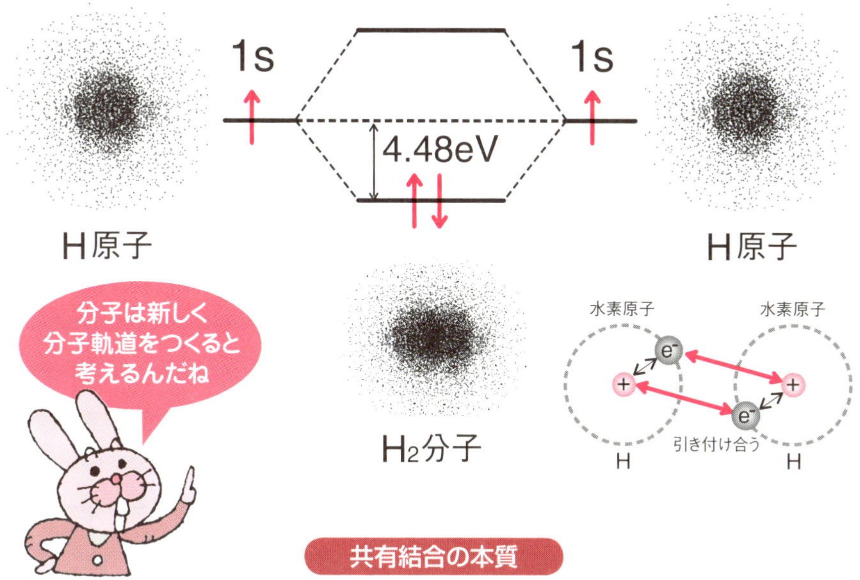

1s

1s

4.48eV

H原子

H原子

H_2分子

水素原子

水素原子

e^-

e^-

引き付け合う

H

H

分子は新しく
分子軌道をつくると
考えるんだね

共有結合の本質

電子の運動エネルギー

全エネルギー＝
ポテンシャルエネルギーと
電子の運動エネルギーの和

クーロン力による
ポテンシャルエネルギー

水素分子の核間距離74pm

1.0

0.0

−1.0

−2.0

0

1.0

2.0

3.0

4.0

水素原子の1s軌道のエネルギーを基準にとったエネルギーの相対値

水素原子のボーア半径を基準とした、2つの陽子間距離

ポテンシャル
エネルギー
としては
もう少し近づいた
方がいいけど、
運動エネルギーが
増えちゃうん
だね

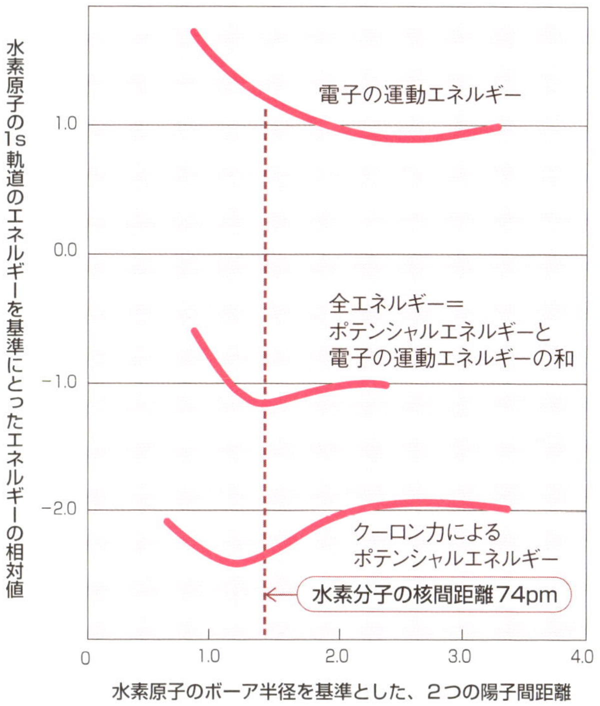

63 みんなで共有〜金属結合

陽イオンがつながった状態を作る

共有結合の本質は、共有される電子の運動エネルギーは高くなりますが、それ以上にクーロン力によるポテンシャルエネルギーが低くなって、全体としてエネルギーが低下し安定になることでした。しかし結合は電子の運動エネルギーを高くするばかりではありません。

金属は、無数の金属原子が互いに、互いがもっていた外側の電子を共有し合うことによって生じます。そのため、金属原子は陽イオンとして存在しています。そして束縛から離れた電子は、無数の陽イオンとクーロン力によって相互作用しつつも、かなり自由に動き回っています。そのためこの電子を「自由電子」と呼んでいます。自由電子というものの、まったくどのような束縛も受けていない状態ではありません。陽イオンとクーロン力で引き付け合いながら、金属内を比較的自由にあちこち移動できるのです。

自由電子は個々バラバラの原子の中にいるときよりも、存在できる空間が劇的に広いので、運動エネルギーは低くなります。さらに、電子を複数の原子核が共有するので、ポテンシャルエネルギーの低下も起こります。これら両方を要因として、全体のエネルギーの低下を引き起こし、陽イオンがつながった状態を作ります。この結合様式を「金属結合」と呼びます。みんなで電子を共有している状態です。

金属には、自由電子にもとづく固有の性質がたくさんあります。たとえば、電気をよく通します。金属はマイナスの電荷をもった電子が、比較的自由に動き回っているので、少し電圧がかかれば、プラス極側に金属内を簡単に移動できます。

金属特有の光沢も自由電子がもたらします。自由電子はさまざまなエネルギー状態を取っていて、可視光領域の波長の光を吸収して再放出するので、反射しているように見えるのです。熱も自由電子によって伝えられるので高い熱伝導性をもっています。

周期表の中で、多くの元素が金属結合を作ります。

要点BOX
- ●金属原子は陽イオンとして存在している
- ●陽イオンを引き付けながら移動する
- ●金属には自由電子にもとづく性質が多い

金属結合

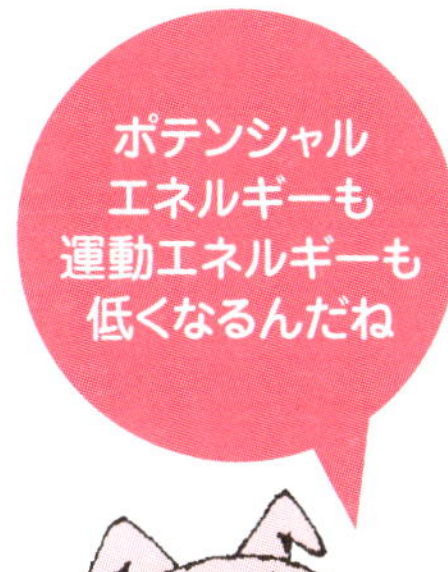

金属結合を作りやすい元素

周期＼族	1	2	3	4	5	6	7	8	9	10	11	12	13	14	15	16	17	18
1	1 H																	2 He
2	3 Li	4 Be											5 B	6 C	7 N	8 O	9 F	10 Ne
3	11 Na	12 Mg											13 Al	14 Si	15 P	16 S	17 Cl	18 Ar
4	19 K	20 Ca	21 Sc	22 Ti	23 V	24 Cr	25 Mn	26 Fe	27 Co	28 Ni	29 Cu	30 Zn	31 Ga	32 Ge	33 As	34 Se	35 Br	36 Kr
5	37 Rb	38 Sr	39 Y	40 Zr	41 Nb	42 Mo	43 Tc	44 Ru	45 Rh	46 Pd	47 Ag	48 Cd	49 In	50 Sn	51 Sb	52 Te	53 I	54 Xe
6	55 Cs	56 Ba	57-71 ランタノイド	72 Hf	73 Ta	74 W	75 Re	76 Os	77 Ir	78 Pt	79 Au	80 Hg	81 Tl	82 Pb	83 Bi	84 Po	85 At	86 Rn
7	87 Fr	88 Ra	89-103 アクチノイド	104 Rf	105 Db	106 Sg	107 Bh	108 Hs	109 Mt	110 Ds	111 Rg	112 Cn	113 Nh	114 Fl	115 Mc	116 Lv	117 Ts	118 Og

ランタノイド (57〜71)	57 La	58 Ce	59 Pr	60 Nd	61 Pm	62 Sm	63 Eu	64 Gd	65 Tb	66 Dy	67 Ho	68 Er	69 Tm	70 Yb	71 Lu
アクチノイド (89〜103)	89 Ac	90 Th	91 Pa	92 U	93 Np	94 Pu	95 Am	96 Cm	97 Bk	98 Cf	99 Es	100 Fm	101 Md	102 No	103 Lr

64 つながる原子たち

共有結合から金属結合へ

水素分子は原子2個、金属はアボガドロ定数個ほどの原子がつながっています。それぞれ共有結合と金属結合の典型例ですが、その変化は連続的に理解できます。世の中には、さまざまな数の原子がつながった物質が存在しています。

原子は離散的なエネルギー準位をもつ原子軌道をもっています。電子が粒子性と波動性を合わせもつために、とびとびの状態をもつのでした。

原子から小さな分子ができるときは、分子に特有の分子軌道を作ります。小さな分子の分子軌道はとびとびで、原子軌道に似ています。そこに電子がエネルギーの低い方から、パウリの排他原理を満たしながら詰まっていきます。小さな分子は共有結合であることが多く、電子は原子核の間に存在して運動エネルギーを増加させますが、それ以上に、複数の原子核と相互作用することによりポテンシャルエネルギーを大きく低下させ、全体としてエネルギー的に安定になって分子として存在します。

タンパク質やポリエチレン・グラファイトなどの高分子は巨大分子です。相互作用した原子軌道の数だけ分子軌道ができるので、かなり多くのとびとびの分子軌道がびっしりとできます。とびとびの間隔も小さくなります。グラファイトなどでは、電子は局在化せず、運動エネルギーも低くなります。

そして、金属を代表とする固体があります。これはアボガドロ定数個の原子が並んでおり、分子軌道もアボガドロ定数個以上あるはずです。本質的にはそれらの軌道のエネルギーはとびとびですが、実質的にはその差はほとんど検知できません。このほとんど連続に見える分子軌道を「バンド」、固体の電子状態は「バンド構造をもつ」といい、このバンド構造が固体の電子状態の本質です。金属では、ポテンシャルエネルギーの低下とともに、自由電子が広い空間に存在できるため、運動エネルギーも低下させて安定化します。

要点BOX

- ●多くの原子がつながった物質が存在している
- ●連続に見える分子軌道が「バンド」
- ●固体の電子状態は「バンド構造」をもつ

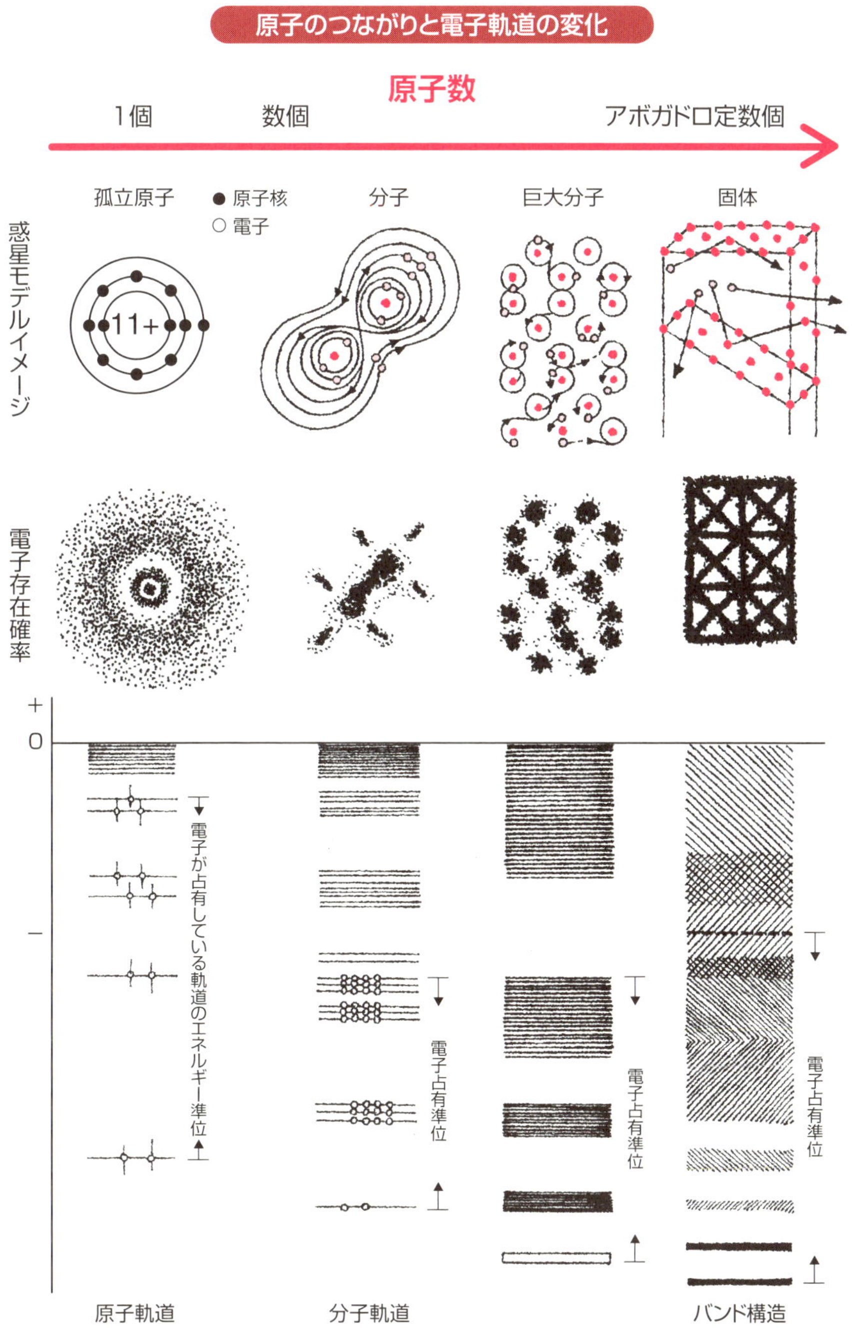

原子のつながりと電子軌道の変化
原子数
1個
数個
アボガドロ定数個
孤立原子
● 原子核
○ 電子
分子
巨大分子
固体
惑星モデルイメージ
11+
電子存在確率
+
0
−
電子が占有している軌道のエネルギー準位
電子占有準位
電子占有準位
電子占有準位
原子軌道
分子軌道
バンド構造

65 17族元素の攻撃的戦略〜イオン結合

貴ガスの電子配置の安定性を鵜呑みにできない

食塩（塩化ナトリウム）NaClを例にとってみましょう。ナトリウムは1族、塩素は17族の元素です。1族アルカリ元素は、s軌道に1個だけ入っている電子を放出して、貴ガスの電子配置になります、一方、17族のハロゲンはp軌道に5個の電子をもっており、あと1個もらえば、貴ガスの電子配置になります。

この説明を聞く限り、中性のアルカリ金属原子が1個電子を放出して、それを中性のハロゲン原子が受け取って、どちらも貴ガスの電子配置になって安定化してNaClとなってめでたしめでたし…となりそうなのですが、実はそんなに簡単な話ではありません。

中性原子から電子を取り出すことと、電子を与えることは、「取る」のと「与える」ので、向きが逆なだけに思いますが、注意しなければなりません。

第一イオン化エネルギーと電子親和力を比べてみましょう。気体状のNa原子の3s軌道から、電子を1個取り出すために必要なエネルギーが、第一イオン化エネルギーで5・14eVです。一方、気体状のCl原子が3p軌道に電子を1個もらって安定化して放出するエネルギーが、電子親和力で3・62eVで、元素の中で最大です。中性原子は本質的に、自発的に電子をもらうことはあっても、自発的に電子を放出することはありません。もっとも電子を取り出しやすいセシウム原子でさえ、3・89eV以上のエネルギーを必要とし、これは塩素の電子親和力を上回っています。つまり、塩素の電子親和力だけでは、第一イオン化エネルギーをまかなえないのです。

このことは、貴ガスの電子配置の安定性を鵜呑みにしてはいけないことを示しています。とはいえ実際に、食塩は存在しており、ナトリウムイオンNa^+と塩化物イオンCl^-になっているのも事実です。さて、何を見落としているのでしょうか?

イオン化エネルギーや電子親和力は、バラバラになった気体状態の性質です。

要点BOX

- ナトリウムは1族、塩素は17族の元素
- 電子親和力だけでは、第一イオン化エネルギーをまかなえない

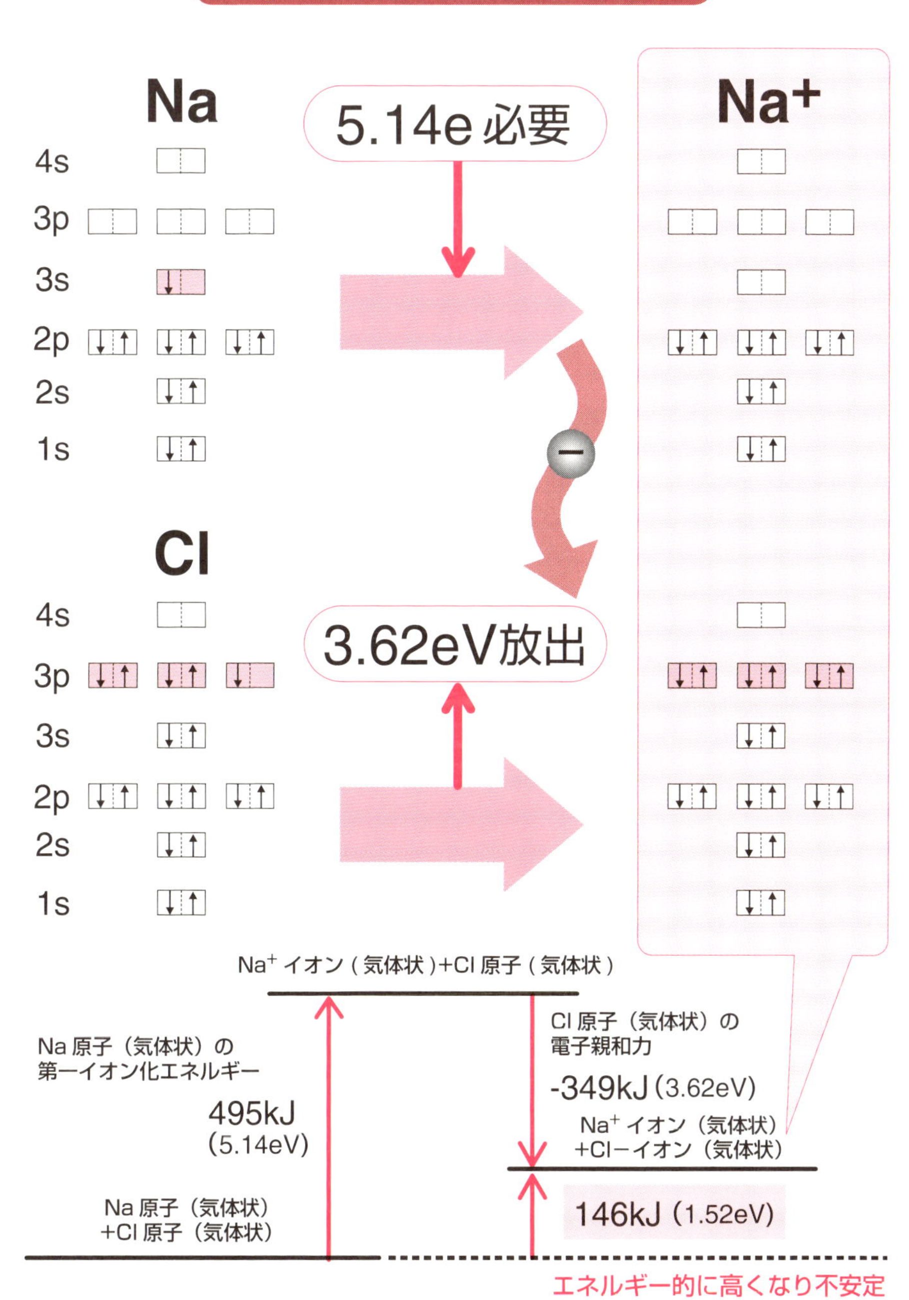

Cl原子はNa原子から電子を1個奪えるか
Na
5.14e 必要
Na+
4s
3p
3s
2p
2s
1s
Cl
3.62eV放出
Na+ イオン（気体状）+Cl 原子（気体状）
Na 原子（気体状）の
第一イオン化エネルギー
495kJ
(5.14eV)
Cl 原子（気体状）の
電子親和力
-349kJ (3.62eV)
Na+ イオン（気体状）
+Cl−イオン（気体状）
146kJ（1.52eV）
Na 原子（気体状）
+Cl 原子（気体状）
エネルギー的に高くなり不安定

66 たくさんの陽イオンと陰イオンの相互作用が本質

イオン結合の本質

Na原子の第一イオン化エネルギーとCl原子の電子親和力だけを考えると、5.14−3.62=1.52［eV］となり、まだ1・52 eVエネルギーが足りずに、進みません。ただ、いま起こるかどうかを考えている状態は、気体状のNa原子とCl原子が気体状のNa^+イオンとCl^-イオンになる状態です。データは、その状態はエネルギー的に高くて起こらないことを示しています。

食塩は固体です。そこで気体状のNa^+イオンと気体状のCl^-イオンを固体にしていきながら、エネルギーの変化を見ていきましょう。

イオン同士の相互関係ではエネルギーを、物質1モルあたりのジュールで表した方が便利です。そこで、ここからはジュールを使いましょう。

まず、エネルギーを与えて気体状のNa^+イオンと気体状のCl^-イオンを作ります。このとき1・52eV、すなわち146 kJのエネルギーを必要とします。次に、気体のままNa^+イオンとCl^-イオンを1つずつ近づけてみます。

Na^+イオンとCl^-イオンは球状の電荷を帯びた粒子なので、クーロン力で引き付け合い気体状の$Na+Cl^-$をつくります。その原子間距離は28 pmとされていて、ポテンシャルエネルギーはバラバラのイオンの時と比べて450 kJも低くなります。

さらに、気体状の$Na+Cl^-$を並べて固体のNaClにしてみましょう。これはイオンが隣り合うのでより安定化して、337 kJのエネルギーの低下を生じます。バラバラのNa^+イオンとCl^-イオンが固体のNaClになるときのエネルギーを「格子エネルギー」といいますが、NaClの場合は450+337=787［kJ］です。この大きな格子エネルギーが、食塩が安定に存在できる理由です。このようにイオン同士の相互作用が本質的な結合を「イオン結合」と呼んでいます。イオン結合を作る場合には、電子が貴ガスの配置になることに加えて、たくさんのイオン同士の相互作用が本質であることを理解しましょう。

要点BOX
- ●格子エネルギーが食塩が存在できる理由
- ●1、2族が陽イオン、16、17族が陰イオンになりやすい

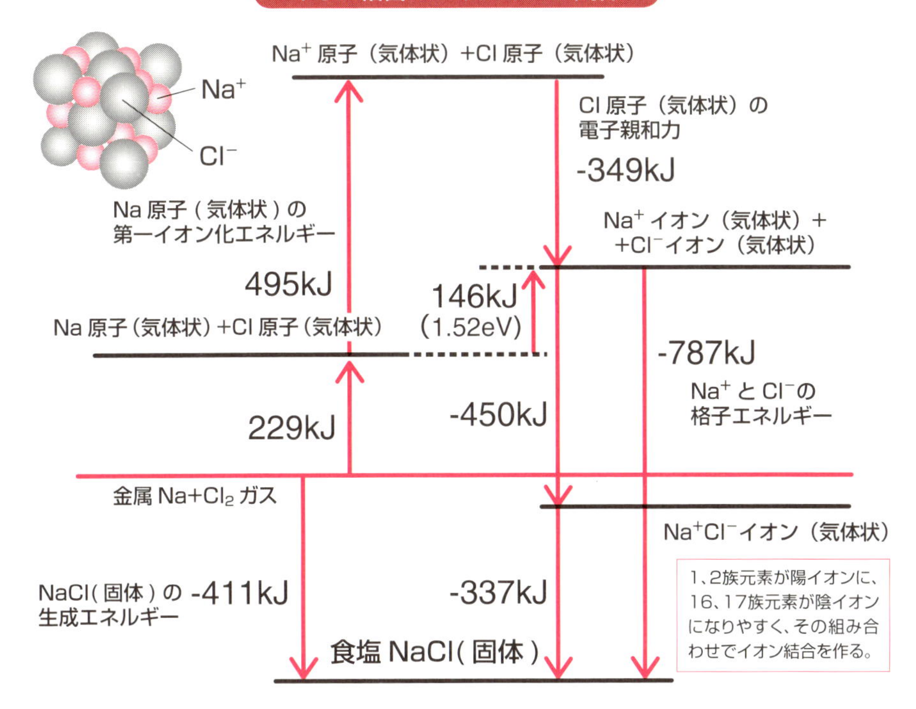
イオン結合のエネルギーの関係
Na⁺
Cl⁻
Na⁺ 原子（気体状）+Cl 原子（気体状）
Cl 原子（気体状）の
電子親和力
-349kJ
Na⁺ イオン（気体状）+
+Cl⁻イオン（気体状）
Na 原子（気体状）の
第一イオン化エネルギー
495kJ
146kJ
（1.52eV）
Na 原子（気体状）+Cl 原子（気体状）
-787kJ
Na⁺ と Cl⁻の
格子エネルギー
229kJ
-450kJ
金属 Na+Cl₂ ガス
Na⁺Cl⁻イオン（気体状）
NaCl（固体）の
生成エネルギー
-411kJ
-337kJ
食塩 NaCl（固体）
1、2族元素が陽イオンに、16、17族元素が陰イオンになりやすく、その組み合わせでイオン結合を作る。

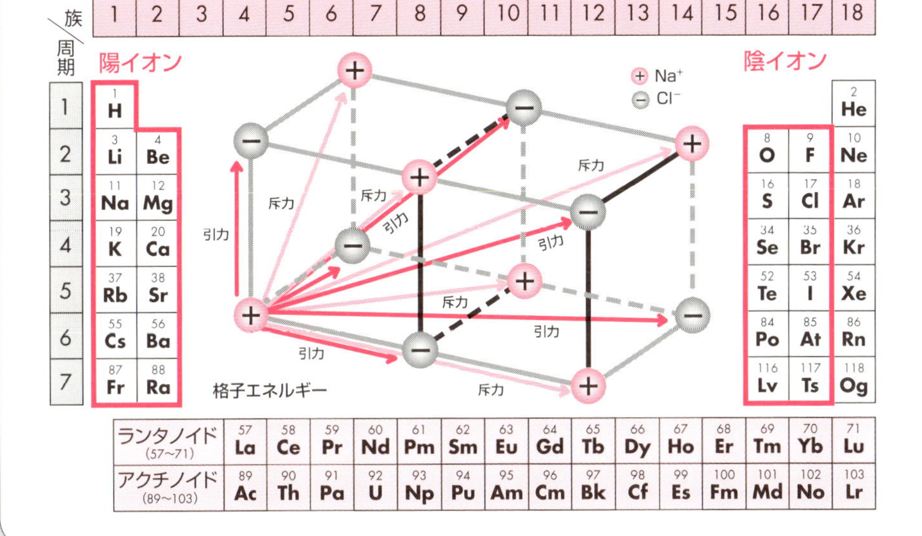
イオン結合を作りやすい元素
族
周期
1 2 3 4 5 6 7 8 9 10 11 12 13 14 15 16 17 18
1 2 3 4 5 6 7
陽イオン
1 H
3 Li 4 Be
11 Na 12 Mg
19 K 20 Ca
37 Rb 38 Sr
55 Cs 56 Ba
87 Fr 88 Ra
陰イオン
2 He
8 O 9 F 10 Ne
16 S 17 Cl 18 Ar
34 Se 35 Br 36 Kr
52 Te 53 I 54 Xe
84 Po 85 At 86 Rn
116 Lv 117 Ts 118 Og
Na⁺
Cl⁻
引力
斥力
格子エネルギー
ランタノイド（57～71）
57 La 58 Ce 59 Pr 60 Nd 61 Pm 62 Sm 63 Eu 64 Gd 65 Tb 66 Dy 67 Ho 68 Er 69 Tm 70 Yb 71 Lu
アクチノイド（89～103）
89 Ac 90 Th 91 Pa 92 U 93 Np 94 Pu 95 Am 96 Cm 97 Bk 98 Cf 99 Es 100 Fm 101 Md 102 No 103 Lr

67 共有結合からイオン結合への連続性

結合のイオン性が評価できる

ここでは共有結合とイオン結合の連続性を考えてみましょう。これに取り組んだのは、米国のライナス・ポーリング(1901〜1994)です。

元素は、電子の引き付けやすさも異なります。水素分子のように、同種の原子が電子を共有して共有結合を作る場合には、原子核の陽子が電子を引き付ける力は平等です。しかし異種の原子が電子を共有するときは、それぞれの原子核が電子を引き付け合う力が異なるため、電子がどちらかに偏って存在します。その力が大きく違って、電子が片一方の原子に取り込まれてしまうと、イオン結合になるわけです。このように考えると、共有結合とイオン結合は別物ではなく、連続してとらえるべきといえます。

他の原子と結合して分子を作っている原子が、結合に関与している電子を自分自身に引き寄せる強さ、それをポーリングは「電気陰性度」と呼びました。この発想の優れた点は、他の原子と相互作用しているその程度を表す物理量を定義したところです。ただし電子の引っ張りやすさは相手によって変わります。そのため、絶対的な尺度を与えることは困難です。

ポーリングは、電子を引き付ける力が強いフッ素の電気陰性度を4として、他の元素の値を相対的に求めました。電気陰性度の大きな原子は、より電子を引き付けやすいのです。周期表とは明確な相関関係があり、同じ周期の元素では族が大きくなるにつれて電気陰性度も増加します。ただし18族はそもそも誰とも化合物を作らないので、求められませんし、またその必要もないでしょう。

電気陰性度の素晴らしいところは、その差によって、結合のイオン性を評価できる点にあります。ハロゲンと水素の化合物の実際に測定したイオン性と電気陰性度の差の関係を見てみると、電気陰性度の差が大きくなるにしたがって、イオン性の割合も増えていることがわかります。

要点BOX
- 共有結合とイオン結合の連続性に取り組んだポーリング
- 電気陰性度が大きいと電子を引き付ける

電子の引き付けやすさ

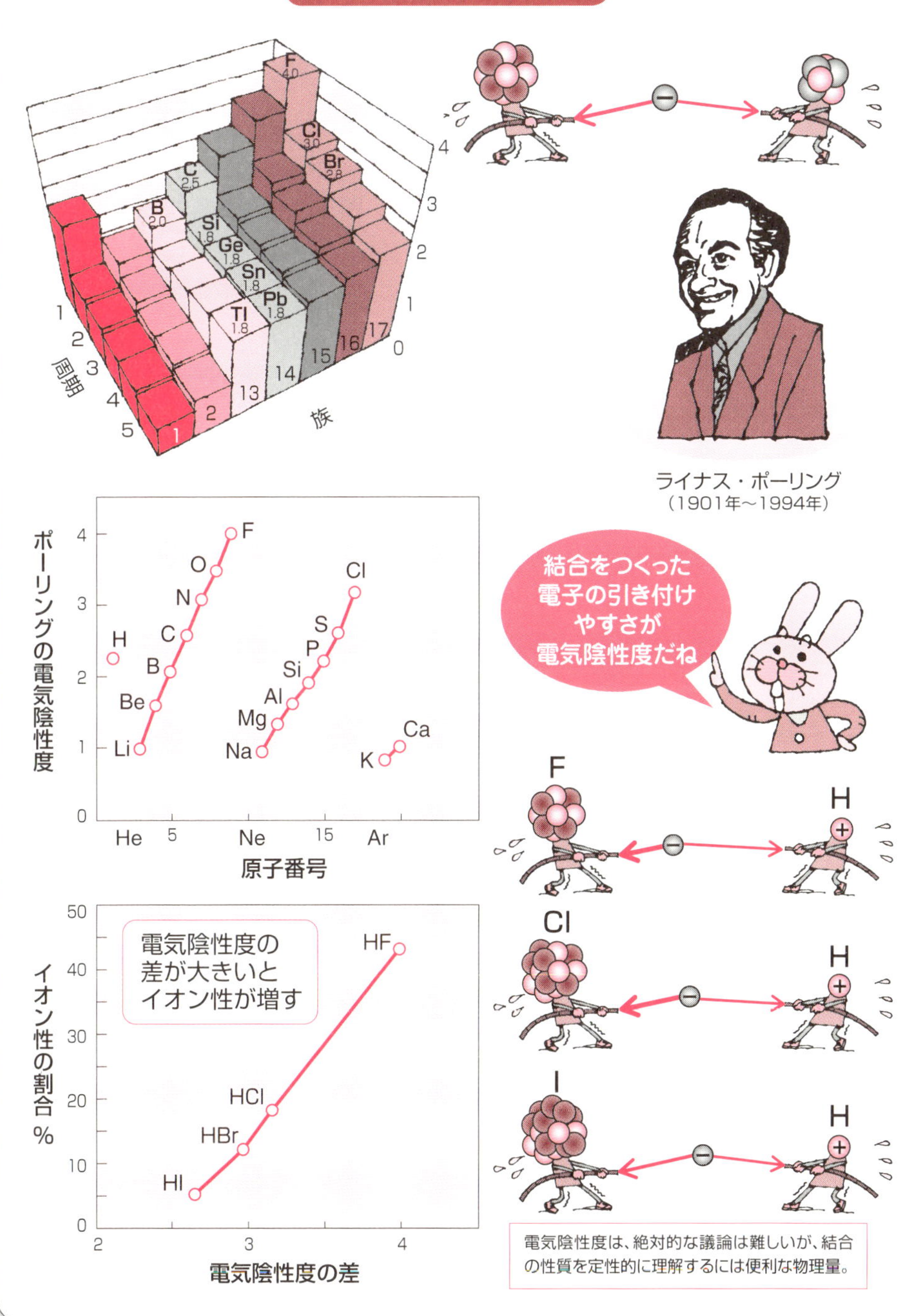

電気陰性度は、絶対的な議論は難しいが、結合の性質を定性的に理解するには便利な物理量。

68 なぜ元素の性質は劇的に変わるの？

同じ陽子、中性子、電子からできているのに

　すべての元素は、原子核を構成する陽子・中性子とその周りの電子からできています。構成する要素は共通で、なんら違いはありません。
　電気的に中性な原子は、原子核の中の陽子の数と周りの電子の数が釣り合っています。周期表はその陽子数の順番に並んでいますが、特に典型元素では、1つ番号が違うだけで驚くほど性質が変わります。たかが、陽子1個、電子1個違うだけで、性格がコロッと変わってしまう、それが元素の不思議なところでもあり、またそれがこの世界の多様性をもたらしているといえるのです。
　元素の性質が劇的に変わるのは、電子の軌道エネルギー、そして電子の軌道への入り方に原因があります。本書で基本的な事項を理解していただいて、さらにこの多様なモノの世界を楽しんでいただけることを期待しています。

　本書では元素を理解するために、歴史的側面をはじめ、化学の基本的な考え方や摩訶不思議な電子の様子を議論する量子力学なども説明してきました。
　その結果、典型元素と電子軌道の関わりや、化学結合のイオン結合・共有結合・金属結合の本質化理解をしていただけたと期待しています。
　しかし、周期表中央にどんと構える遷移元素はほとんど言及できませんでした。遷移元素は隣同士とてもよく似た性質を示します。それは遷移元素では主量子数の小さな軌道のd軌道、あるいはf軌道に電子が入っていくためです。
　結合に関しては、イオン結合・共有結合・金属結合を紹介しましたが、他に重要な水素結合・分子間結合・配位結合などがあります。それらは一部コラムでも取り上げたのでご参考ください。特に混成軌道は炭素を中心とした有機化合物の根本をなす結合ですので、ぜひ進んで学んでいただけたらと思います。

●典型元素は原子番号1つで性質が激変
●陽子1個、電子1個の違いが多様性を生む
●軌道のエネルギーと電子配置が重要

遷移元素

遷移金属

族／周期	1	2	3	4	5	6	7	8	9	10	11	12	13	14	15	16	17	18
1	1 H																	2 He
2	3 Li	4 Be											5 B	6 C	7 N	8 O	9 F	10 Ne
3	11 Na	12 Mg											13 Al	14 Si	15 P	16 S	17 Cl	18 Ar
4	19 K	20 Ca	21 Sc	22 Ti	23 V	24 Cr	25 Mn	26 Fe	27 Co	28 Ni	29 Cu	30 Zn	31 Ga	32 Ge	33 As	34 Se	35 Br	36 Kr
5	37 Rb	38 Sr	39 Y	40 Zr	41 Nb	42 Mo	43 Tc	44 Ru	45 Rh	46 Pd	47 Ag	48 Cd	49 In	50 Sn	51 Sb	52 Te	53 I	54 Xe
6	55 Cs	56 Ba	57-71 ランタノイド	72 Hf	73 Ta	74 W	75 Re	76 Os	77 Ir	78 Pt	79 Au	80 Hg	81 Tl	82 Pb	83 Bi	84 Po	85 At	86 Rn
7	87 Fr	88 Ra	00-113 アクチノイド	104 Rf	105 Db	106 Sg	107 Bh	108 Hs	109 Mt	110 Ds	111 Rg	112 Cn	113 Nh	114 Fl	115 Mc	116 Lv	117 Ts	118 Og

ランタノイド（57〜71）	57 La	58 Ce	59 Pr	60 Nd	61 Pm	62 Sm	63 Eu	64 Gd	65 Tb	66 Dy	67 Ho	68 Er	69 Tm	70 Yb	71 Lu
アクチノイド（89〜103）	89 Ac	90 Th	91 Pa	92 U	93 Np	94 Pu	95 Am	96 Cm	97 Bk	98 Cf	99 Es	100 Fm	101 Md	102 No	103 Lr

同じものからできているのに…

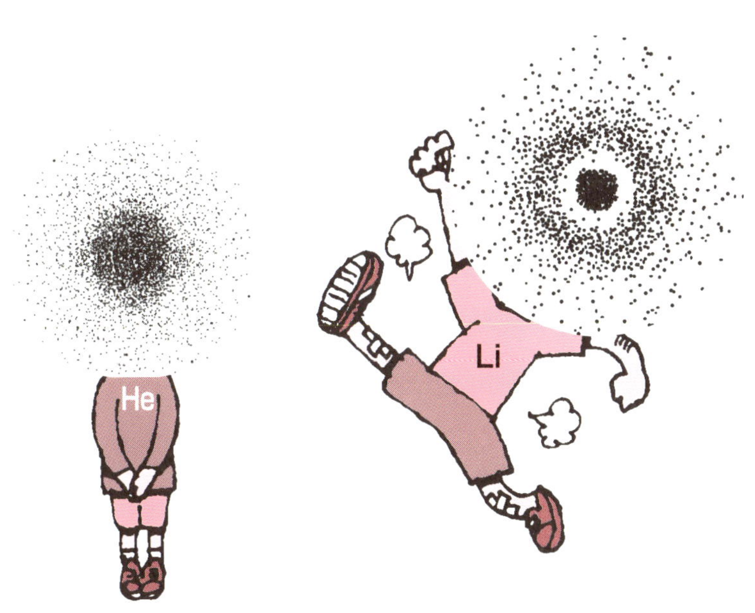

陽子と電子は１個ずつしか違わない

Column

周期表の右端にある「18族貴ガス」

周期表の右端にあるヘリウムHe、ネオンNe、アルゴンAr、クリプトンKr、キセノンXeを貴ガスといいます。貴ガスの電子配置はなかなか微妙です。

貴ガスの電子配置はよく、閉殻構造をとると言われます。しかしたとえば、Arでは3p軌道に電子が6個入って埋まっていますが、まだ主量子数3のd軌道が残っているので、M殻は閉じていません。つまり閉殻ではありません。K、L、Mは電子の存在確率を表す関数の節面の数できまりますが、M殻を構成する3s、3pと3d軌道のエネルギーは大きく離れています。むしろ殻と関係なく、同じくらいのエネルギー準位をもつ軌道が埋まったものが貴ガスと理解したほうがよいでしょう。そのため、ぐっと安定化するのです。あるいは、s軌道に注目すると、貴ガスはあるs軌道のすぐ下の軌道まで完全に電子で埋まっているとも言えます。そのときたまたま最外殻に入っている電子数が8個（Heは例外として、NeはL殻に、ArはM殻に、KrはN殻に、XeはO殻に8個）なので、最外殻電子が8個のとき安定化するともいわれます。

それぞれの殻は埋まっていないのに安定になることを不思議に思う方もいらっしゃると思いますが、そのときは軌道のエネルギーのグループで考えていただいたほうがいいと思います。左の図は、軌道のエネルギー準位をある程度正確に描いたものです。殻と関係なく、同じくらいのエネルギーを持った軌道のグループに分かれることがわかるでしょう。そのグループの中でもっともエネルギー準位の高い軌道が電子で埋まったもの（→つけました）が貴ガスになることが理解していただけるでしょう。

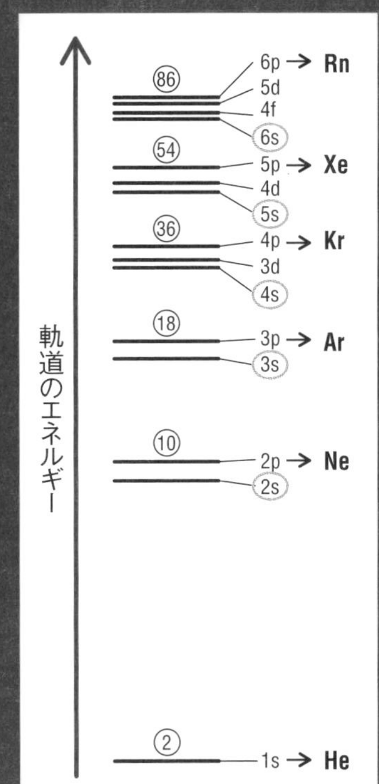

【参考文献】

「サイエンス・パレット002 周期表 いまも進化中」Eric R. Scerri著、渡辺正訳、丸善出版(2013)
「サイエンス・パレット011 元素 文明と文化の支柱」Philip Ball著、渡辺正訳、丸善出版(2013)
「梅棹忠夫著作集12　人生と学問」梅棹忠夫著、中央公論社(1991)
「百万人の化学史「原子」神話から実体へ」筏 英之著、アグネ承風社(1989)
「化学史・常識を見直す 教科書の誤りはなぜ生まれたか?」日本化学会編、講談社ブルーバックス(1988)
「痛快 化学史」アーサー・グリーンバーグ著、渡辺正・久村典子訳、朝倉書店(2006)
「元素周期表のつくりかた：メンデレーエフとモーズリー レトロハッカーズ」牧野武文著、Amazon Services International, Inc.(2013)
「化学の基本6法則―基礎・実験・応用―　岩波ジュニア新書37」竹内敬人著、岩波書店(1989)
「メンデレーエフの周期律発見」梶雅範著、北海道大学図書刊行会(1997)
「トコトンやさしい化学の本」井沢省吾著、日刊工業新聞社(2014)
「高校で教わりたかった化学」渡辺正・北條博彦著、日本評論社(2008)
「化学元素発見のみち」D・N・トリフォノフ・V・D・トリフォノフ著、坂上正信・日吉芳郎訳、内田老鶴圃(1994)
「入門化学結合」M・F・オドワイヤー・J・E・ケント・R・D・ブラウン著、鳥居康夫・山本裕右訳、培風館(1995)
「入門分子軌道法 分子計算を手がける前に」藤永茂著、講談社サイエンティフィック(1995)
「元素の王国」ピーター・アトキンス著、細矢治夫訳、草思社(1996)
「スプーンと元素周期表」サム・キーン著、松井信彦訳、早川書房(2015)
「元素はどうしてできたのか 誕生・合成から「魔法数」まで」櫻井博儀著、PHPサイエンス・ワールド新書(2013)
「THE ELEMENTS 3rd Edition」John Emsley, Clarendon press, Oxford(1998)

【役に立つサイト】

FNの高校物理：http://fnorio.com/index.htm
原子力百科事典ATOMICA：http://www.rist.or.jp/atomica/index.html
EMANの物理学：http://eman-physics.net/

今日からモノ知りシリーズ
トコトンやさしい
元素の本

NDC 431

2017年2月28日　初版1刷発行

発行者　井水 治博
発行所　日刊工業新聞社
東京都中央区日本橋小網町14-1
(郵便番号103-8548)
電話　書籍編集部　03(5644)7490
販売・管理部　03(5644)7410
FAX　03(5644)7400
振替口座　00190-2-186076
URL　http://pub.nikkan.co.jp/
e-mail　info@media.nikkan.co.jp
企画・編集　エム編集事務所
印刷・製本　新日本印刷(株)

●DESIGN STAFF
AD―――――志岐滋行
表紙イラスト――黒崎　玄
本文イラスト――小島サエキチ
ブック・デザイン ――奥田陽子
(志岐デザイン事務所)

●
落丁・乱丁本はお取り替えいたします。
2017 Printed in Japan
ISBN　978-4-526-07670-1 C3034

●定価はカバーに表示してあります

●著者略歴
石原顕光(いしはら　あきみつ)
博士(工学)

1993年　横浜国立大学大学院工学研究科博士課程修了
1993～2006年　横浜国立大学工学部、非常勤講師
1994年　有限会社テクノロジカルエンカレッジメントサービス取締役
2006～2015年　横浜国立大学グリーン水素研究センター、産学連携研究員
2014～2015年　横浜国立大学工学部、客員教授
2015年～　横浜国立大学先端科学高等研究院、特任教員(教授)

●主な著書
「トコトンやさしい電気化学の本」日刊工業新聞社
「トコトンやさしいエントロピーの本」日刊工業新聞社
「トコトンやさしい再生可能エネルギーの本」監修・太田健一郎、日刊工業新聞社
「トコトンやさしい水素の本」共著、日刊工業新聞社
「原理からとらえる電気化学」共著、裳華房
「エネルギーの事典」共著、朝倉書店
「再生可能エネルギーと大規模電力貯蔵」共著、日刊工業新聞社